다윈의 식물들

『종의 기원』에서는 못다 밝힌
다윈의 식물 진화론

다윈의 식물들

신현철 지음

『종의 기원』에서는 못다 밝힌
다윈의 식물 진화론

GEOBOOK 지오북

일러두기

- 동식물명은 환경부 국가생물종목록, 산림청 국가생물종지식정보시스템, 두산백과, 위키백과 등을 참고하여 표기했으되 국가시스템을 우선 적용했다. 참고문헌이 없는 경우 기존 동식물 정보에 활용한 동식물의 색깔, 외형에 대한 영명과 학명의 정보를 바탕으로 표기했으며, 활용 정보가 전혀 없는 경우는 학명 발음법에 따라 풀어썼다.
- 이 책에 나오는 외국 저서의 원제목은 〈본문에 나오는 책의 원제〉에 정리했다.

◇◇◇◇

다윈의 말년을 괴롭힌 '지독한 수수께끼'

　찰스 다윈: 그의 말년을 괴롭힌 '지독한 수수께끼', 2019년 8월 11일 BBC 한국어판 뉴스에 게재된 기사 제목이다. 이 기사는 "역사에 큰 족적을 남긴 동식물 연구가, 찰스 다윈은 자신의 말년을 거대한 수수께끼 앞에서 조바심을 내며 보냈다"라고 운을 떼면서, "그가 '가장 당황스러운 현상'이라고 부른 이 수수께끼는 과학사에 자신이 남긴 업적인 진화론을 위협하는 것이었다"로 이어진다. 도대체 이 수수께끼가 무엇이기에 다윈의 가장 커다란 업적인 진화론을 위협한다는 것일까?

　계속해서 기사를 읽어보자. "하지만 1859년 『종의 기원』 출판 이후 그가 집중했던 식물학 연구는 그에게 독이 됐다. 여기에서 자신의 이론에 대한 의문이 생겨났고, 이 의문은 그가 죽기 직전까지 무려 20여 년간 그를 괴롭혔기 때문이다"라고 쓰여 있다. 이 기사는 다윈에 대한 이해가 다소 부족해 보인다. 다윈은 『종의 기원』의 출판에 결정적 영향을 미쳤던 비글호 항해 이전부터 식물을 조사하고 연구해왔다. 실제로 다윈은 케임브리지 대학교에 다닐 때 자신에게 비글호 탐험을 권유했던 이 대학교 식물학 교수인 헨슬로(John Stevens Henslow, 1796~1861)에게서 식물과 관련된 조사와 연구 방법을 배웠다. 오죽하면 헨슬로 교수와 함께 너무나 열성적으로 식물 조사를 진행해서 "헨슬로와 같이 걸어 다니는 사람"이라는 별명까지 얻었겠는가.

다윈은 1859년 『종의 기원』을 출판한 이후에도 식물에 대해 많은 관심을 가지고 연구를 지속했으며, 자신이 연구한 결과를 6권의 책으로 발간했다. 이 책들을 힐끗 들여다보자. 제일 먼저 1862년에는 난초 꽃에 찾아와 꽃가루받이를 해주는 곤충들을 유인하기 위해 난초들이 만들어낸 여러 가지 구조들을 정리해서 『난초의 수정』을 발간했다. 이어서 1865년에는 덩굴식물이 뻗어 나가는 방식을 설명한 『덩굴식물의 운동과 습성』을, 10년 뒤인 1875년에는 식물이면서도 곤충을 잡아먹고 살아가는, 어떻게 보면 동물 속성을 지닌 식충식물에 대한 연구 결과를 모아서 『식충식물』을 발간했다. 또한 1876년에는 식물에서 널리 발견은 되지만 이유와 결과를 잘 알지 못했던 타가수정과 자가수정의 차이를 확인한 『타가수정과 자가수정』을 발간했고, 계속해서 1년 뒤인 1877년에는 같은 종에 속하는 식물들이 피우는 꽃의 구조가 특이하게도 다르게 나타나는 현상을 규명해서 『꽃의 다른 형태들』을 발간했다. 마지막으로 죽기 3년 전인 1880년에는 식물이 동물처럼 이동할 수 있다고 주장한 『식물의 운동 능력』을 발간했다.

특히 1875년에 발간한 『식충식물』은 다윈이 『종의 기원』에서 가정했던 식물과 동물의 공통조상을 탐구하는 과정에서 나온 결과로 알려졌다. 너무나도 뚜렷하게 다르게 보이는 식물과 동물이 자신이 생각했던 것처럼 공통조상에서 만들어졌다면, 그 공통조상은 어떤 생물일까라는 질문을 던지고, 그 답을 찾고자 했던 것이다. 다윈은 『종의 기원』에서

> 대응관계에 근거해서 나는 모든 동식물들이 어떤 하나의 원형에서 유래했다는 믿음으로 한 단계 더 앞으로 나아갈 수 있었다. 그러나 대응관계는 기만적인 안내자가 될 것이다. 그럼에도 불구하고 살아 있는 생물 모두는 자신들의 화학적 조성, 난핵포, 세포로 이루어진 구조 그리고 성장과 번식의 법칙 등에서 많은 것들을 공유한다. (중략) 따라서 지구상에서 한 번이라도 생존했던 모든 생명체들은 어떤 하나의 최초의 유형에서 유래했고, 이 유형이 처음으로 숨을 쉰 생물로 바뀌었을 것이라는 점을 대응관계로부터 나는 추론할 수가 있다.[1]

---

1 다윈, 찰스(신현철 역주). 2019. 종의 기원 톺아보기. p.627.

라고 서술했다. 식물과 동물 모두가 어떤 하나의 원형의 생물, 즉 공통조상에서 유래하여 만들어졌을 것이라는 설명이다. 이런 심증을 뒷받침하는 증거로, 다윈은 지구상에 살아 있는 모든 생물들을 이루는 생명물질인 지질, 단백질, 탄수화물 등의 화학적 조성이 비슷하다는 점, 세포분열 중에서도 특히 난자를 만드는 생식세포분열이 일어날 때 일차 난모세포 속에 들어 있는 핵이 모두 커다랗다는 점, 모든 생물들이 세포로 이루어져 있다는 점, 그리고 생물들의 성장과 번식에 관여하는 법칙이 모두 같다는 점을 들었다.

이와 같이 식물과 동물이 공통조상을 갖는다고 가정해보자. 그렇다면 식물과 동물의 독자적인 생리학적 특성을 모두 지닌 생물이 어딘가에 존재할 것이고 이를 통해 식물과 동물이 공통조상에서 유래했다는 입증이 가능할 것이라고 다윈은 믿었다. 이러한 자신의 생각을 검증하려고 다윈은 식물 가운데 특이하게 동물처럼 다른 생물에게서 양분을 획득하는 식충식물에 관심을 갖고 연구를 한 것이다. 또한 식물에도 동물이 지닌 뇌와 같은 구조가 있을 것으로 가정하고, 그 구조도 찾으려고 했다. 이 구조를 다윈은 어린뿌리 끝일 것으로 가정했고, 식물에 대하여 마지막으로 썼던 『식물의 운동 능력』 끝 부분에서 "어린뿌리의 정단부는 다양한 종류의 감각에 반응할 수 있다. 어린뿌리의 정단부가 인접한 부위의 운동을 지시하는 힘을 부여받았기에 마치 하등동물의 뇌와 같은 역할을 하고 있다고 말해도 지나친 것은 아니"[2]라고 설명했다. 벌레를 비롯한 다른 하등동물의 뇌와 식물 뿌리 끝의 기능이 큰 차이가 없는 것으로 간주한 것이다. 명확하게 서로 다른 두 생물군인 식물과 동물로부터 이들의 공통조상을 생각한다는 것 자체가 버거웠겠지만, 다윈은 찾으려고 노력한 것이다.

이 밖에도 어떤 난초에 있는 꿀샘이 꽃잎 가장자리에서부터 거의 30cm나 되는 깊은 곳에 있는 것을 발견한 다윈은 이 꽃의 꽃가루받이를 도와주는 나방이, 지금은 모르지만, 반드시 자연계에 존재할 것으로 예측했다. 그래서 그는 영국의 식물학자이자 자신의 후원자인 후커(Joshep Dalton Hooker, 1817~1911)에게 보낸 편지에 "이 난초에서 꿀을 빨아먹는 나방은 틀림없이 그만한 길이의 주둥이를 가졌을 것이네!"[3]라고 자신의 생각을 피력했다. 그리고 실제로 약 40년이 지난 1903년 이 난초가 자라는 마다가스카르섬에서 다윈이 예측했던 것처럼 주둥이가 기다란 나방이 발견되었다(Arditti et al., 2012). 식물을 관찰하면서 해당 꽃에 방문할 수 있는 동물까지 예측할 정도라면 식물을 얼마나 열심히 연구했겠는가. 식물을 미치도록 사랑했다고도 알려진[4] 다윈에게 식물학 연구가 독이 됐다는 기사는 잘못되었음이 분명해 보이나, 세계적으로 높은 평판을 받고 있는 BBC가 잘못된

---

2 Darwin, C.R. 1880. The power of movement in plants. p.573.

3 다윈이 1862년 1월 30일 후커에게 보낸 편지 내용이다.

4 만쿠소, 스테파노(김현주 역). 2016. 식물을 미치도록 사랑한 남자들. p.194.

기사를 내보냈을 리도 만무하지 않는가.

계속해서 기사를 더 읽어보자. "1879년 다윈이 영국 큐 왕립식물원의 조지프 후커에게 보낸 편지에 '최근의 지질학적 연대기 내에서 모든 고등식물의 급속한 진화는 하나의 지독한 수수께끼'라고 썼다"라는 내용이 있다. 1879년이면 『종의 기원』이 출판된 지 20년이 지난 해이다. 그럼에도 기사 내용은 다윈이 풀지 못한 수수께끼가 있다고 언급한다. 그동안 다윈이 식물을 연구하고 그 결과를 정리해서 책으로 발표한 것만도 6권인데, 아직도 풀리지 않은 수수께끼가 있다니 놀라울 따름이다! 기사의 정확성을 확인할 겸 다윈이 다른 사람들과 주고받은 편지들을 정리해 놓은 책[5]에서 후커에게 보낸 편지를 살펴봤다. 1879년 7월 22일자 편지 원문에서 해당 기사 내용은 "'고등식물의' 급격한 발달은 지독한 수수께끼로 남아 있다네"였다. 원문에 있는 'rapid development'를 한국어판 기사에서는 '급속한 진화'로 표현했으나, '급격한 발달' 정도로 번역하는 것이 어땠을지라는 느낌만 들 뿐, 기사 내용은 정확했다.

어떤 공통조상에서 식물과 동물이 만들어졌을 것이라고 가정하고, 그 답까지 찾아낸 다윈에게 도대체 무엇이 지독한 수수께끼로 남아 있단 말인가? "고등식물의 급속한 진화는 하나의

---

5 Darwin, F. and A.C. Seward. 1903. More letters of Charles Darwin. p.21.

다윈의 식물들

지독한 수수께끼"라는 기사를 곱씹을수록 다윈 시대에는 이 문제가 확실히 수수께끼였을 것이라는 생각이 들었다. 다윈은 『종의 기원』에서 "자연선택은 사소하면서 연속적이고 도움이 되는 변이를 오로지 축적하도록 작동하기 때문에, 커다랗거나 갑작스런 변형을 만들지 못한다. 단지 아주 서서히 짧은 단계로 작동할 뿐"[6]이므로, 생물은 갑자기 진화하지 않고 서서히 점진적으로 진화한다고 주장했다. 그렇다면 고등식물도 서서히 진화했다고 설명하면 되는데, 굳이 '급속한 진화'라고 표현해서 문제를 만들고, 이 문제를 풀 수 없는 지독한 수수께끼라고 표현했을까?

다윈이 『종의 기원』을 출판한 이후였던 1870년대 중반만 하더라도 초기 속씨식물인 고등식물 화석들이 백악기 중기부터 말기 사이 지층에서 폭발적으로 발견된 반면, 이들이 처음으로 만들어졌을 것으로 추정되는 백악기 초기 지층에서는 사실상 거의 발견되지 않았다. 다윈이 『종의 기원』에서 설명한 것처럼 진화가 서서히 일어났다면, 백악기 중기 이후에 고등식물이 폭발적으로 나타났으므로 적어도 백악기 초기 지층에서는 고등식물의 흔적이 발견되어야만 했다. 실제로 다윈은 『종의 기원』에서 "만일 같은 속이나 과에 속하는 수많은 종들이 생물계로 한꺼번에 동시에 들어왔다면, 이 사실은 자연선택으로 친연관계

---

6 다윈, 찰스(신현철 역주). 2019. 종의 기원 톺아보기. pp.610-611.

가 서서히 변형되었다는 이론에 치명적"[7]이라고 했다. 여기에서 친연관계란 조상과 후손 사이의 관계이며, 다윈이 변형이라고 쓴 단어는 오늘날 진화라는 단어와 같은 의미이다. 이 내용은 조상에서 만들어진 후손이 시간이 흘러감에 따라 서서히 진화하여 다른 생물로 되었다는 설명이며, 생물들이 절대로 급격하게 또는 폭발적으로 진화하지 않았음을 강조하고 있는 것이다.

다윈은 백악기 초기에는 나타나지 않았던 고등식물이 백악기 중기부터 말기 사이에 폭발적으로 증가해버린 사례를 도저히 설명할 수 없었을 것이다. 물론 꽃 피는 식물의 가장 독특한 특징인 꽃이 화석으로 만들어지는 것이 매우 어렵다는 점을 고려하더라도 이런 급속한 진화를 설명할 수 없었던 것이다. 이런 고민에 빠져있던 다윈은 1875년 3월 1일 스위스 식물학자이자 고생물학자로 다윈의 진화 이론에 반대했던 히어(Oswald Heer, 1809~1883)에게서 "만일 쌍떡잎식물이 백악기 초기에 시작했다고 주장할 수 있다고 하더라도, 현재 존재하는 식물 대부분을 차지하는 이 식물은 지질학적 관점에서 보면 늦게 출현해서 아주 짧은 시간 내에 근본적인 변형이 일어났음을 우리는 인정해야만 한다"라는 편지를 받았다. 이에 대해 다윈은 3월 8일 히어에게 보낸 답장에서 "내가 설명하는 방식의 진화를 당신이 비록 가장 강하게 반대하지만, 백악기 말기에 이렇게도 많은 쌍떡

---

7 다윈, 찰스(신현철 역주). 2019. 종의 기원 톺아보기. p.398.

잎식물이 갑자기 나타난 현상은 진화가 극단적으로 단계적으로 일어난다고 믿고 있는 사람을 가장 당혹스럽게 만들고 있는 것으로 나는 생각한다"라고 했듯이, 그는 히어의 질문에 이런 식으로 구차하게 답할 수밖에 없었을 것이다. 결국 고민에 고민을 거듭했던 다윈은 4년 뒤이자 죽기 3년 전인 1879년에 후커에게 보낸 편지에서 고등식물의 급격한 발달 과정이 "지독한 수수께끼"로 남아 있다고 고백했던 것이다.

다윈은 이 수수께끼의 답을 찾으려고 1882년 4월 죽을 때까지 새로운 고민거리를 해결해야만 했다. 다윈은 『종의 기원』 첫 쪽에서 종의 기원을 "수수께끼 중의 수수께끼"라고 언급했지만, 이 책 마지막 쪽에서는 "처음에는 소수였던 유형이거나 단 하나였던 유형에 몇몇 능력들과 함께 생명의 기운이 불어넣어졌다"[8]라고 강조함과 동시에 "너무나 단순한 유형에서 시작한 가장 아름답고도 훌륭한 유형들이 끝도 없이 과거에도 물론이지만 현재에도 진화하고 있다"[9]라고 주장했다. 수수께끼 중의 수수께끼에 대한 답을 찾은 것이다. 게다가 새로운 "지독한 수수께끼"의 답을 '종의 기원'을 규명하는 과정에서 직면했던 수많은 문제들을 해결하던 방식으로 풀려고 노력했다. 다윈이 미치도록 사랑했던 식물이 끝내 다윈을 괴롭혔다.

---

8 다윈, 찰스. 같은 책. p.11.
9 다윈, 찰스. 같은 책. p.634.

차례

머리말

다윈의 말년을 괴롭힌 '지독한 수수께끼' 5

I 부 식물과 친구가 된 다윈 (1809~1836)

1. 식물을 친구로 삼다 20

2. 에든버러에서 잠시 식물과 멀어지다 25

3. 케임브리지에서 식물 전문가를 만나다 34

4. 헨슬로에게 식물을 배우다 40

5. 비글호 탐험 중에 식물을 채집하다 48

6. 갈라파고스에서 한 실수를 만회하다 53

II 부 식물과 멀어질 수밖에 없었던 다윈 (1836~1857)

1. 자연사학자로 인정받다 64

2. 식물과 거리를 두게 되다 69

3. 원예식물에 관심을 가지다 76

4. 식물을 주제로 글을 쓰기 시작하다 82

5. 드디어 자신을 도와줄 사람, 후커를 만나다 87

6. 식물과 또 거리를 두게 되다 97

7. 식물 때문에 후커와 논쟁하다 104

8. 식물의 이주에 대한 터무니없는 실험을 시작하다 111

III 부 『종의 기원』에서 여러 식물 사례를 설명한 다윈 (1858~1859)

1. 『종의 기원』을 발간하다 122

2. 『종의 기원』에서 진화를 주장하다 128

3. 앵초류로 변이를 설명하다 133

4. 식물의 관점에서 생존을 위한 몸부림을 바라보다 141

5. 토끼풀과 벌의 관계로 자연선택을 풀어내다 147

6. 꽃 피는 식물의 급속한 진화를 설명하지 못하다 153

IV 부 다시 식물과 친구가 된 다윈 (1860~1880)

1. 다시 식물과 친구가 되다 162

2. 난초로 측면 공격에 나서다 167

3. 감각을 지닌 덩굴식물에 푹 빠지다 177

4. 식충식물이 위도 만들어낸다고 생각하다 186

5. 식물의 튼튼한 자손 만들기에 관심을 가지다 197

6. 식물의 은밀한 사생활을 염탐하다 205

7. 식물의 운동 능력에 매료되다 213

8. 식물학이라는 학문 세계를 새롭게 펼치다 220

V 부 지독한 수수께끼에 직면한 다윈 (1879~1882)

1. 지독한 수수께끼에 직면하다 226

2. 히어의 도전에 조용히 답하다 231

3. 드싸포르타의 도전을 매섭게 몰아붙이다 234

4. 볼이 버릇없이 다윈에 도전하다 240

5. 수수께끼를 남겨두다 245

6. 잃어버린 대륙을 다시 찾다 248

맺음말

다윈과 식물, 그리고 진화 254

부록

1. 헨슬로가 1830년에 발표한 앵초류 논문 260

2. 다윈이 식물과 관련해서 쓴 첫번째 글, 겹꽃의 기원 266

3. 다윈이 1839년부터 기록한 "질문과 실험" 270

4. 다윈이 1839년 원예학자 허버트에게 보낸 10가지 질문과 답 296

본문에 나오는 책의 원제 306

이 책에 나오는 사람들 308

참고문헌 312

찾아보기 315

이미지 출처 319

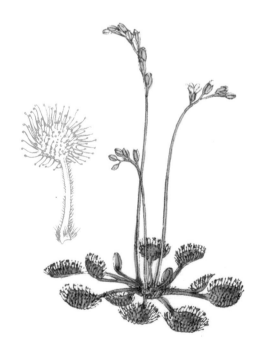

I부

◇◇◇◇◇◇

식물과 친구가 된 다윈

(1809~1836)

1

◇◇◇◇◇◇

식물을 친구로 삼다

다윈은 영국의 중서부 지방인 슈롭셔주 슈루즈베리에 있는 마운트 하우스라고 부르는 집에서 1809년 2월 12일 아버지 로버트 다윈과 어머니 수잔나 다윈 사이의 다섯번째 아이로 태어났다. 마운트 하우스는 로버트 다윈이 손수 지은 집으로, 영국에서 가장 긴 강으로 알려진 세번강 강변을 따라 이어진 비탈진 언덕 위에 자리 잡고 있었다. 로버트 다윈은 의사로서 명성이 높았으나, 한때 식물을 조사하거나 연구하기도 해서 자신의 집에 커다란 정원을 만들고 과일나무와 희귀한 식물들을 심었다.[1]

---

1 1866년 마운트 하우스를 매각하려고 할 때, 광고 전단에는 여러 가지 식물 목록도 함께 나열되어 있었다. 즉, 오렌지나무, 진달래류, 동백류, 장미류, 양치식물류, 국화류, 앵초류, 시네라리아류, 후크시아류, 백합, 글록시니아류 등이 있었다.

다윈이 7살일 때, 여동생 캐서린과 함께 등장한 초상화에는 당시로서는 매우 희귀한 남아프리카 원산인 케이프카우슬립(*Lachenalia aloides*)이 화분에서 꽃을 피운 상태로 그려져 있었는데, 이 식물은 추위를 견뎌내지 못하는 것으로 알려져 있어 마운트 하우스에 딸린 유리 온실에서 재배했을 것으로 보인다.[2] 이렇듯이 다윈은 자신이 어릴 적에 이 식물들을 보면서 자연사에 대해 조그만 경험을 했다고 회상하기도 했다.[3]

다윈은 1825년 10월 에든버러 대학교에서 공부를 하려고 떠날 때까지 마운트 하우스에서 살았다. 이 집에는 테라스가 길게 나 있었고, 이 테라스 한쪽에는 유럽밤나무의 가지가 뻗어 나와 있었다. 다윈은 어릴 때 이 나무를 가장 좋아했으며, 여동생 캐서린과 함께 이 나무의 가지들을 자신들만의 특별한 의자로 삼아 놀았다. 8살이 되던 1817년 다윈은 어머니의 죽음이라는 슬픔과 함께 학교에 다니기 시작했다. 학교에 다니면서 다윈은 자연사에 흥미를 느껴 조개, 기념우표, 우편물, 동전 그리고 광물 따위를 수집했다. 그리고 꽃의 안쪽을 조사하면 식물 이름을 알 수 있다는 것을 엄마가 가르쳐주었다고 친구에게 얘기하면서 식물들의 이름을 구분하려고 노력했다. 또한 원예식물로 널리 재배하던 앵초 종류에 염료가 들어 있는 물을 뿌려 다양한

---

2 https://www.bristol.ac.uk/news/2017/march/darwin-plants.html

3 Darwin, F.(ed.) 1887. The life and letters of Charles Darwin. Vol. 1. pp.9-10.

I 부 식물과 친구가 된 다윈(1809~1836)   21

꽃색을 만들 수 있다고 친구들에게 말하기도 했다.[4] 아마도 마운트 하우스에서 재배하던 하얀색, 분홍색, 노란색 등 다양한 색으로 꽃을 피우는 영국앵초(*Primula vulgaris*) 꽃들을[5] 보면서 이런 이야기를 했을 것이다.

다윈이 어렸을 당시 상류 계급 사람들은 동식물의 이름을 외우는 것이 필수였기에, 다윈의 어머니는 아들에게 식물 이름을 가르쳤을 것이다.[6] 다윈은 어려서부터 식물 이름을 알고 싶어했고 여러 가지 사물을 채집하려고 했던 열정이 자신을 체계적인 자연사학자로 만들었다고 회상했다. 그러나 다른 형제들에게는 이러한 열정이 없었던 점으로 미루어 볼 때, 자신만이 선천적으로 지닌 열정이었을 것이라고 다윈은 회고하기도 했다.[7] 다윈의 형, 이래즈머스도 한때는 식물을 채집해서 표본으로 만들기도 했다고 하는데, 다윈은 어려서부터 집에서 자라던 식물들을 보면서 식물이 보여주는 다양성과 변이에 관심을 가졌고 자연스럽게 식물에 대한 감수성을 키웠던 것이다. 실제로 다윈

---

4   Darwin, F.(ed.) 1887. The life and letters of Charles Darwin. Vol. 1. p.28.

5   http://www.peterboyd.com/darwingard3.htm

6   다윈이 살던 시대에는 영국 식민지에서 많은 다양한 종류의 식물이 영국으로 유입되었고, 그에 따라 상류 계급 여성들은 이 식물들을 그림으로 그리고 있었다. 일부 그림은 책으로 출판되기도 했으나, 저자 이름은 때로 감추어졌다. 당시에는 판매되는, 즉 상업적 목적으로 발간된 책에 여성의 이름이 들어가는 것을 부끄러워하는 분위기였다. 그러나 다윈 어머니가 다윈에게 린네가 발표한 식물의 분류체계를 알려주려고 했다는 주장도 있다. 다윈의 할아버지, 즉 이래즈머스 다윈이 린네의 업적을 영국에 소개한 것으로 알려져 있기 때문이다(Duncan, 2000).

7   Darwin, F.(ed.) 같은 책. p.28.

다윈의 식물들

다윈이 7세 때 여동생 캐서린과 함께한 모습. 다윈이 안고 있는 식물이 케이프카우슬립이다. 1816년 엘렌 샤필즈(Ellen Sharples) 그림

이 여동생 캐서린에게 1832년 5월에서 6월 사이 비글호 여행 중에 보낸 편지에서 정원에 심어진 식물들을 "내 오랜 친구들"이라고 불렀으며 "내가 귀국하면 내 오랜 친구들을 보면서 유쾌하게 지내겠다"라고 말했을 정도였다.

2

◇◇◇◇◇◇

에든버러에서 잠시 식물과 멀어지다

식물과 함께 성장하던 다윈은 16살이 된 1825년 10월 슈롭셔주를 떠나 에든버러로 갔다. '오랜 친구'들과 잠시 떨어져 지내게 된 것이다. 의과대학으로 진학해 의사가 되라는 아버지의 권유에 따라 집을 떠나 먼 에든버러로 갔지만, 다윈은 의학을 공부할 준비가 되어 있지 않았다. 다윈은 수술실에서 수술을 하는 광경을 보면서 극복할 수 없는 메스꺼움에 시달렸고, 수술 중인 환자의 입에서 터져 나오는 비명소리에 심한 고통을 느꼈다.[8] 심지어 약용식물을 공부하는 것조차도 버거워했던 다윈은 "겨울철 아침 8시부터 시작한 약용식물학 강의 시간에 장

---

8 이 시절에는 수술 중인 환자의 고통을 줄여줄 수 있는 마취제가 아직 발견되지 않았다. 1846년 치과의사 윌리엄 모턴이 에테르를 마취제로 사용한 이후, 1847년에는 클로로포름이 사용되었으나, 오늘날에는 이들을 마취제로 사용하지 않는다.

군풀이라는 식물의 특성을 알려고 아침도 먹지 못하고 추위에 떨며 한 시간을 오롯이 버티는 것을 감내할 수가 없었다"라고 토로했다.[9]

던칸 교수가 담당했던 약용식물학[10] 강의를 수강한 다윈이 공부했던 내용은 그가 남긴 공책에서 찾아볼 수 있다. 아래는 공책 4쪽에 첫번째로 나오는 운향이라는 식물을 정리한 내용이다.

> 운향잎, 운향(*Ruta graveolens*). 10웅예강 단자예목
>
> 영어 이름 루(Rue). 운향과(Rutaceae) Ju 4
>
> 경련을 방지하는 데 사용하며, 사용량은 XD에서 Эllj까지이다.
>
> 향이 아주 강하나, 얼얼한 맛으로 변하며
>
> 주로 경련을 일으키는 아이들의 관장에 사용하고
>
> 이 식물을 부주의하게 향기로운 휘발성 기름으로 사용한다.

운향잎은 약재명이며, 운향(*Ruta graveolens*)은 약재를 얻는 식물 이름이다. 이 식물은 지중해 연안 지방이 원산지로 알려져 있다. 그리고 10웅예강과 단자예목은 운향의 분류학적 계급을 설명하는데, 모두 스웨덴의 식물학자 린네가 만든 체계에 따른

---

9 데스먼드, 에이드리언과 무어, 제임스(김명주 역). 2012. 다윈 평전. p.61.

10 원제목은 "약물학, 영양학 그리고 약제학(Materia Medica, Dietetics and Pharmacy)"이다.

운향(*Ruta graveolens*). 독일의 식물학자이자 식물화가 오토 빌헬름 토메의 『독일, 오스트리아와 스위스의 식물상』(1885)에 수록된 그림

계급이다. 린네는 수술의 수와 위치 등에 따라 식물을 모두 24 개의 강으로 구분했고, 강은 다시 암술의 수에 따라 목으로 구분했다. 따라서 10웅예강은 꽃에 수술이 10개가 있다는 의미이며, 단자예목은 꽃에 암술이 1개 있다는 의미이다. 즉, 운향의 꽃에는 수술이 10개, 암술이 1개가 있다는 설명이다. 운향의 영어 이름은 'Rue'이며, 운향과(Rutaceae)는 린네가 분류체계를 처음 만들 때에는 이 계급이 없었으나, 나중에 추가된 계급이다. 'Ju 4'와 사용량에 나오는 'XD'와 'Эllj'는 어떤 의미인지 알 수가 없다. 어찌되었든 참으로 재미가 없었을 것이다. 강의 시간 내내 이 약재명은 이렇고 저 약재명은 저렇고. 이 강의는 아마도 다윈이 말한 것처럼 "겨울철 아침 8시 강의는 기억하기에는 소름이 돋는 그 무엇"[11] 이었을 것이다. 식물에 대한 모든 정이 사라졌을 것만 같다.

대신 다윈은 기분 전환 또는 탈선거리를 찾아 배회했다. 주변에서 볼 수 있는 동물들을 채집했고, 죽은 새를 박제하는 방법을 배웠다. 동시에 런던에서 서쪽으로 약 100km 떨어진 셀본 지역이 간직한 자연의 역사를 소개한 『셀본의 자연사』라는 책을 읽으면서 새들의 습성과 서식처를 관찰하며 수첩에 기록도 했다. 그리고 할아버지가 쓴 『주노미아: 생명체의 법칙』도 읽

---

11 Barlow, N.(ed.) 1958. The autobiography of Charles Darwin 1809-1882. p.47.

다윈의 식물들

으면서, 생물이 시간에 따라 변할 수 있음도 깨달았다. 또한 동물에 관심이 많았던 사람들과 어울리면서 해면동물이 동물이냐 식물이냐를 놓고 논쟁도 했고, 이끼벌레 유생에 대한 관찰 결과를 발표하기도 했다. 어린 다윈에게 관심의 대상이었던 식물은 점차 희미한 기억으로만 남게 되었다.

그럼에도 다윈은 에든버러에서 후일 에든버러식물학회 회장이 된 로버트 그레이엄(Robert Graham, 1786~1845) 교수를 만나게 되어, 그의 도움으로 이질풀 종류의 식물들과 에든버러표본관에 소장된 식물들을 관찰할 수 있었다. 또한 그는 그레이엄 교수와 『에든버러 식물상』이라는 책을 쓴 로버트 그리빌(Robert Kaye Greville, 1794~1866)과 함께 식물 조사 여행을 가기도 했으며, 특히 그리빌과 함께 에든버러를 감싸는 포스만에 있는 메이섬에서 자라는 식물을 조사하기도 했다.[12] 더욱이 자연사에 관심이 많은 학생들의 모임으로 다윈이 에든버러 대학교에 입학하기 전인 1823년에 만들어진 플리니안학회에서 다윈은 자신이 관찰한 이질풀 종류의 식물들이 지닌 꽃의 구조와 모리오난초(*Orchis morio*)의 꽃가루에 대하여 발표하기도 했다(Ashworth, 1936).

다윈은 에든버러에서 대학의 교과목으로 식물학을 제대로

---

12 Crawford, R. 2013. On Glasgow and Edinburgh, Harvard University Press. p.141.

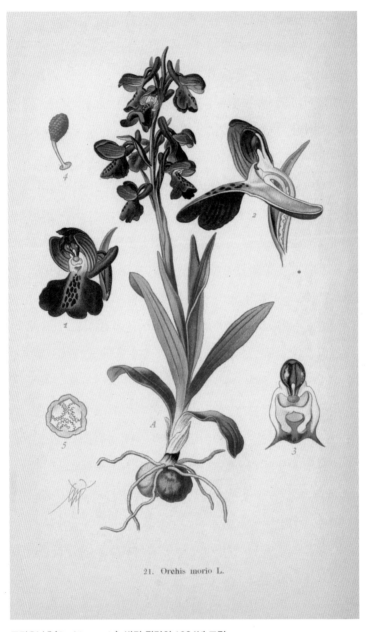

21. Orchis morio L.

모리오난초(*Orchis morio*). 발터 뮐러의 1904년 그림

배우지는 못했다. 다윈이 의학을 전공하려고 대학교에 입학했기 때문일 수도 있지만, 애석하게도 에든버러 대학교에는 다윈의 흥미를 끌만한 식물학 강의가 없었다는 점이 큰 원인일 것이다. 다윈이 에든버러 대학교 의학부에 입학했던 1825년 9월 학기에는 약용식물학을 비롯하여, 약제 실습, 화학과 화학적 약제학, 약제 이론, 해부학과 병리학, 외과학 원리와 실습, 산파술 원리와 실습, 임상의학, 임상 외과학, 군진외과 10개 과목이 개설되어 있었고,[13] 다윈은 이 가운데에서 약용식물학 등 5개 과목을 선택했을 뿐이었다(Ashworth, 1936). 단지 1826년에야 교양과목으로 자연사 과목을 수강했으나, 이 강의를 담당한 제임슨(Robert Jameson, 1774~1854) 교수는 자연사 중에서 동물학과 광물학만을 강의했다. 이와 같은 상황에도 다윈은 자연사에 관심이 많은 친구들을 플리니안학회에서 만나 자연사에 대하여 더 깊이 생각할 수 있었고, 또한 식물학 전문가들과도 만나 식물에 대한 이해를 넓힐 수 있었다.

다윈이 에든버러에서 배운 것이 또 있다면, 던칸 교수의 약용식물학 강의를 통해 그 당시 세계적인 식물분류학자로서 식물들을 유사성으로 분류하고자 노력했던 드캉돌(Augustin Pyrame de Candolle, 1778~1841)이라는 학자가 "경쟁하는 생물

---

13 http://darwin-online.org.uk/content/frameset?pageseq=1&itemID=CUL-DAR5.A1&viewtype=image

들 사이에서는 전쟁이 일어났다"라고 주장한 점이다.[14] 드캉돌은 당시 널리 받아들이고 있던 린네식 분류, 즉 수술과 암술의 수로 식물을 구분하는 것이 아니라, 식물들이 보여주는 유사성을 근거로 비슷한 것끼리 묶으려고 했다. 또한 1820년에 발간한 『식물지리학의 기초적 서론』에서 "한 장소에 있는 모든 식물들은 서로서로 전쟁 중에 있다"라고 했는데, 다윈은 이를 받아들여 『종의 기원』에서 "최고 연장자 드캉돌과 지질학자 라이엘(Charles Lyell, 1797~1875)은 모든 생명체들이 심각한 경쟁에 노출되어 있다고 전반적으로 그리고 철학적으로 보여주었다"[15] 라고 언급했을 뿐만 아니라, "전쟁 중의 전쟁이 여태까지 되풀이되면서 다양한 성공으로 이어졌다"[16] 라고도 했다. 식물들이 살아남으려고 처절하게 몸부림친 것을 드캉돌은 전쟁으로 표현했는데, 아마도 전쟁이라는 개념은 다윈이 에든버러 대학교에서 습득한 몇 안 되는 유산 중 하나일 것이다.

---

14 데스먼드, 에이드리언과 무어, 제임스(김명주 역). 2012. 다윈 평전. pp.64-65.

15 다윈, 찰스(신현철 역주). 2019. 종의 기원 톺아보기. pp.93-94.

16 다윈, 찰스. 같은 책. p.108.

다윈의 식물들

스코틀랜드의 지질학자 찰스 라이엘(Charles Lyell). 다윈이 영향을 많이 받은 대표적인 저서 『지질학의 원리』를 집필했으며, 다윈을 지지한 친구이지만 자연선택에 대해서는 모호한 태도를 가졌다. 뛰어난 식물학자이며 같은 이름을 가진 아버지 찰스 라이엘에게 『비글호 탐험기』 원고를 보여주기도 했다.

3

◇◇◇◇◇◇

케임브리지에서 식물 전문가를 만나다

다윈의 아버지는 다윈이 의학을 공부하는 대신 여기저기 돌아다니는 것을 보고 그가 에든버러 대학교에서 의학을 더 이상 공부할 수 없다고 판단하고, 미래를 위해서는 아들이 케임브리지 대학교에 진학하여 성직자가 되는 것이 더 좋겠다고 생각했다. 결국 다윈도 그 길이 나쁘지 않을 것이라고 생각했고, 아버지의 뜻에 따라 1827년 10월 15일 케임브리지 대학교 크라이스트 대학에 입학했다. 그러나 케임브리지에서도 에든버러에서처럼 신학부 강의에 집중하지 못했다. 다윈은 수학 과목을 포기했는데, 개인교사도 다윈이 졸업 시험의 예비시험도 볼 수 없을 정도라고 평가했다. 다윈도 "케임브리지에서의 지난 3년은 적어도 공부와 관련되어서는 에든버러에서처럼 완전히 헛된 시간이었다"[17] 라고 토로했다.

다윈이 다녔던 크라이스트 대학 홈페이지에는 "비록 다윈이
훌륭한 성적으로 최종 시험에 합격했지만, 대학 재학 중인 3년
대부분을 외부에서 밥을 먹고, 술을 엄청 마셨으며, 자신의 말
을 타고 다녔고, 물론 딱정벌레도 채집했다"[18] 라고 설명되어 있
다. 실제로 다윈은 1831년 1월로 예정된 졸업 시험을 대비해
서 크리스마스 휴가도 반납하고 공부하여 178명 중 10등을 했
다.[19] 하지만 다윈은 학교 요리사가 특이한 고기를 한 주에 한 번
씩 돌아가면서 요리해주는 보기 드문 음식을 먹어대던 대식가
모임의 회장을 했고,[20] 술친구들과 어울려 웃고 떠들고 아침에
는 정신을 못 차리는 방탕한 생활을 마치 규칙적인 습관처럼 했
다.[21] 또한, 크라이스트 대학 학생 중에는 귀족의 비율이 높아 승
마를 좋아하는 사람들이 많았는데, 다윈은 이들과 어울려 말타
기를 즐겨 케임브리지에서 18km나 떨어진 곳까지, 그것도 밤
에 친구들과 다녀오기도 했다.[22]

17 Barlow, N.(ed.) 1958. The autobiography of Charles Darwin 1809-1882.
    p.58.
18 https://darwin200.christs.cam.ac.uk/typical-students
19 데스먼드, 에이드리언과 무어, 제임스(김명주 역). 2012. 다윈 평전. p.156.
20 데스먼드, 에이드리언과 무어, 제임스(김명주 역). 같은 책. p.157.
21 데스먼드, 에이드리언과 무어, 제임스(김명주 역). 같은 책. pp.123-124.
22 데스먼드, 에이드리언과 무어, 제임스(김명주 역). 같은 책. p.124.

이런 다윈에게 유일한 오락은 딱정벌레를 채집하는 것이었다. 당시 케임브리지에서 딱정벌레 채집은 돈내기를 할 수 있는 크리켓이나 케임브리지를 관통하는 캠강에서 진행되는 보트 경주만큼 경쟁이 치열했다. 더군다나 집안에 진열장을 만들어 그 안에 딱정벌레 등을 넣어 보관하는 취미가 유행이어서, 딱정벌레 열풍이 온 나라를 휩쓸고 있었다. 어느 날 다윈이 죽은 나무에서 껍질을 벗겨내고 그 안에서 희귀한 딱정벌레 두 종을 잡아 한 손에 한 종씩 잡고 있었을 때, 세번째 종이 눈에 들어와 잡아야 한다는 생각만 하고 손에 있던 딱정벌레를 입에 넣고 그 손으로 세번째 벌레를 잡았다. 그러자 입에 들어갔던 딱정벌레가 다윈의 입안에 독액을 뿜어냈다. 결국 다윈은 입에 들어 있던 딱정벌레는 물론이고 손에 들고 있던 벌레마저 놓치게 되었다.[23] 입에 잠시 들어갔던 딱정벌레는 일반 딱정벌레가 아니라 꼬리 쪽에서 악취가 나며 타는 듯한 뜨거운 액체를 분비하는 폭격기딱정벌레였던 것이다. 과도한 열정이 부른 참사였다.

어찌되었든 다윈은 딱정벌레 말고는 케임브리지 생활에서 흥미를 느끼지 못했다. 그러다 다윈은 케임브리지 대학교에 입학한 다음해, 그래도 1학년인 1828년에 당시 32살인 헨슬로(John Stevens Henslow, 1796~1861) 교수를 만났다. 물론 다윈은 헨슬로 교수의 명성을 케임브리지에 오기 전부터 형을 통해 알고

23 데스먼드, 에이드리언과 무어, 제임스(김명주 역). 2012. 다윈 평전. p.110.

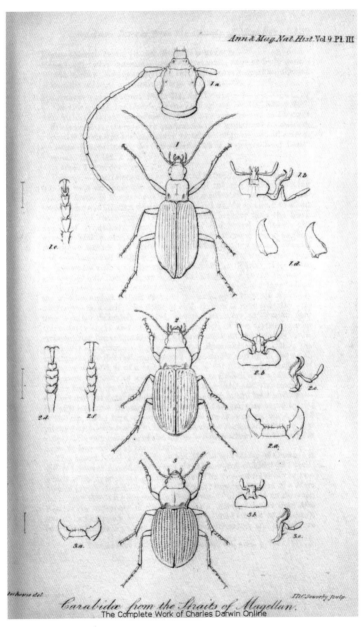

Carabidæ from the Straits of Magellan.

마젤란 해협의 딱정벌레 3종. 『다윈의 곤충』에 수록된 그림 있었다. 1823년 5월 5일 형 이래즈머스는 다윈에게 편지를 보내면서 지질학을 전공한 헨슬로 교수가 이번 학기에 처음으로 강의를 시작했는데, 강의가 매우 즐겁다고 했었다. 헨슬로 교수가 2월에 강의를 공개하자, 다윈은 이 강의를 정식으로 수강 신청하지 않은 상태에서 들었다. 다윈이 언제부터 이 강의에 참석했는지는 확실하지 않다. 한편 헨슬로 교수가 매주 금요일 저녁에 과학에 관심이 있는 대학생들과 자연사에 관심이 있는 교수들이나 일반인들을 참석시켜 함께 이야기를 나누는 자리를 만들어서, 다윈도 이 모임에 정기적으로 참석하였다. 때로는 헨슬로와 같이 저녁도 먹었다. 그리고 다윈은 졸업할 때까지 헨슬로의 강의를 계속 신청해서 들었다.

강의를 들으면서, 다윈은 헨슬로와 함께 여러 지역을 다니며 식물 조사도 했다. 야외에서 조사를 하면서 헨슬로는 희귀한 식물들을 현장에서 곧바로 설명했고, 이러한 조사는 다윈을 매우 기쁘게 만들었다. 사람들은 이런 다윈을 "헨슬로와 같이 걸어 다니는 사람"이라고 불렀다. 그리고 헨슬로와 같이 야외 조사를 하면서 다윈은 헨슬로가 원하는 식물을 채집해주기도 했다. 케임브리지에서 서쪽으로 약 25km 떨어져 있고, 조그만 관목들이 무리 지어 자라는 히스(heath) 황야가 발달한 갬링게이에서는 그때까지 그 지역에서는 발견되지 않았던 바람꽃 종류를 채집했으며, 동쪽으로 약 10km 떨어진 보티샴 습지에서는 식충식물인 통발류도 채집했다. 통발류는 물속에서 자라는데, 꽃만 물위로 올라오는 식물이다. 물속으로 들어가기 전에는 당연히 채집하기가 힘이 드는데, 헨슬로가 무척이나 채집하려고 했던 식물이었다.

그런가 하면, 헨슬로의 강의가 1주일에 5일간 진행될 때에도, 보통은 수업에 무관심이던 다윈이 실험이 있는 날이면 누구보다 먼저 와서 실험에 필요한 도구들을 준비해 두었다. 게다가 끊임없이 질문도 해댔다. 헨슬로가 이런 다윈을 보고 "질문을 하려고 존재하는 사람"이라고까지 말할 정도였다.[24] 한편 다윈은 헨슬로와의 만남을 "내 인생에서 그 무엇보다도 가장 영향을 준 사건"[25]으로 회상했을 정도이다. 다윈은 헨슬로에게서 식물학을 배움으로써 한때 사라졌던 자연사에 대한 열정이 그의 마음속에 그 어느 때보다 뜨겁게 불타올랐을 것이다.

---

24 데스먼드, 에이드리언과 무어, 제임스(김명주 역). 2012. 다윈 평전. pp.145-146.

25 Barlow, N.(ed.) 1958. The autobiography of Charles Darwin 1809-1882. p.64.

4

◇◇◇◇◇◇

헨슬로에게 식물을 배우다

다윈은 자서전에서 헨슬로가 식물학을 강의했지만 자신은 식물학을 공부하지 않았다고 했다.[26] 그러면서도 다윈은 헨슬로와의 만남이 자신의 인생에 그 무엇보다도 큰 영향을 준 사건이라고 했다. 한 사람은 식물학을 강의했고, 또 한 사람은 그 강의를 수강했으며 강의한 사람을 만난 것이 자신의 인생에서 가장 큰 사건이라고 했다. 도대체 헨슬로는 식물학을 어떻게 강의했고, 다윈은 헨슬로에게서 무엇을 배웠을까? 식물학이 아니라면 단순히 식물일까?

다윈에게 커다란 영향을 준 헨슬로는 1796년에 태어났으며

---

26 Darwin, F.(ed.) 1887. The life and letters of Charles Darwin. p.48.

다윈보다 13살 많다. 1822년 케임브리지 대학교 광물학과 교수로 부임했으나, 주요 관심이 식물이었기에 다윈이 케임브리지로 오기 3년 전인 1825년에 29살 나이로 식물학과 교수가 되었다. 다윈이 비글호 항해를 시작했던 1831년에는 케임브리지 대학교에 식물원을 만들어 식물을 키우면서 연구했는데, 이 식물원에서 다윈과 함께 자주 산책했다. 헨슬로는 1821년부터 영국에서 자라는 식물들을 연구하는 데 필요한 표본들을 보관하는 표본관을 만들기 시작했고, 1829년에는 『영국 식물 목록』이라는 책을 발간했다. 이 책이 출판될 때까지 30여 명의 학생들과 식물학자들의 도움을 받았는데, 다윈도 이 가운데 한 학생이었다. 또한 1830년에는 「영국앵초, 옥스립앵초, 카우슬립앵초 그리고 다화앵초의 독특한 정체성에 대하여」[27]라는 논문도 발표했다. 헨슬로가 자신의 식물학 강의의 과제도서로 『영국 식물 목록』을 사용했고, 다윈이 학생일 때 자신이 1826년에 카우슬립앵초와 옥스립앵초를 그린 삽화를 보여주었기 때문에(Kohn et al., 2005) 아마도 다윈은 이 책과 논문을 읽어보았을 것이다.

헨슬로는 당시에 널리 퍼져 있던 생물종들이 하나하나 창조되었다는 생각을 지니고 있었는데, 생물종들이 창조된 상태의 한 가지 형태를 지니고 있는 것이 아니라 안정된 상태를 유지하기 위해 변할 수 있는 속성을 지닌 것으로 가정하고, 어떻게 변

---

27 부록 1에 논문 전체가 번역되어 있다.

영국의 성직자, 식물학자, 지질학자 존 스티븐스 헨슬로(John Stevens Henslow).
1828년 다윈과 처음 만났으며 비글호에 탑승할 적격자로 다윈을 선장에게 추천하였다.
다윈의 스승이자 친구로서 다윈의 진화론 연구에 지속적인 영향을 미쳤다.

다윈의 식물들

하는가를, 즉 변이를 파악하려고 했다(Kohn et al., 2005). 그래서 헨슬로는 일반적인 식물표본 제작 방법이 아닌 자신이 고안한 독특한 방법으로 표본을 만들었다. 일반적으로는 표본을 붙이는 종이(이 종이를 '대지'라고 부른다)에 한 개체 전체 또는 일부를 채집해서 건조한 식물체만을 붙인다. 그리고 이 표본을 채집했던 장소의 특성과 채집 날짜, 채집자 등과 같은 채집된 식물과 관련된 정보가 기재된 라벨을 붙인다. 그러나 헨슬로는 이런 방식을 버리고 한 종을 여러 지역에서 채집하여 대지 한 장에 붙였다. 이때 붙여지는 여러 개체들은 특정 지역에서 채집되거나, 나라 전체에서 채집되기도 했다. 헨슬로는 이런 식으로 표본을 만들면, 이른바 창조된 종이 보여주는 다양한 유형들, 즉 변이의 범위를 파악할 수 있을 것으로 생각했고, 이러한 범위를 그종이 안정한 상태에서 보여주는 한계로 간주했다. 따라서 범위를 넘어서면 다른 종이라는 의미였다.

헨슬로는 1830년에 발표한 앵초류에 관한 논문에서 "식물 생리학에 대한 우리의 지식은 어떤 식물종이 변할 수 있는 엄밀한 범위를 구분하도록 하는 정확한 규칙을 제공할 만큼 지금까지 충분히 발전하지 못했습니다. 그에 따라 가장 정확한 관찰자들도 둘 또는 그 이상의 개체들을 같은 종에 속하는 단순한 변종으로 간주해야 하는지, 또는 서로 다른 종으로 간주해야 하는지에 대해 때로 서로의 견해를 달리하고 있습니다. 실제로 우리가 지닌 능력으로 좀 더 꼼꼼하게 구분하면 할수록, 우리는 점점 더 많은 종들을 만들게 됩니다"라고 발표했다. 이 논문은 종이 완전히 고정된 상태가 아니라 종마다 특이한 변이체를 만들어내는데, 이러한 변이를 인식하지 못하면 변이체를 모두 종으로 간주하는 오류를 범하게 된다고 주장한 것이다.

헨슬로는 실제로 정원에서 습도, 비료, 햇빛 등 식물이 자라는 데 필요한 조건들을 조절하면서 앵초류를 키워 야외에서처럼 형태적으로 다양한 변이체를 실험적으로 관찰할 수 있다는 것도 보여주었다. 이러한 결과를 토대로 헨슬로는 당시 널리 유행하던 사소한 차이로 종을 구분 짓는 소위 세분주의자들의 주장을 반박했으며, 그 사소한 차이가 한 종이 보여주는 변이이므로 이러한 차이를 지닌 개체들은 종이 아니라 변종으로 간주해야 한다고 주장했다. 예를 살펴보자. 당시에는 꽃이 근생화경 (根生花梗)[28]에 한 송이씩 달리는 영국앵초(*Primula vulgaris*), 진한 노란색 꽃 여러 송이가 여러 방향으로 달리는 카우슬립앵초(*P. veris*) 그리고 연한 노란색 꽃 여러 송이가 한쪽 방향으로만 달리는 옥스립앵초(*P. elatior*) 등을 종 또는 변종으로 간주하고 있었다. 헨슬로가 실제로 카우슬립앵초의 씨앗을 받아 정원에 심었더니, 어떤 개체들은 영국앵초의 특징을 나타내고, 어떤 개체들은 옥스립앵초의 특징을 보여주었으나, 카우슬립앵초의 특징을

---

28 민들레에서 볼 수 있는 것처럼 직접 땅속뿌리에서 나오는 꽃줄기로 꽃들이 무리 지어 달리는 꽃차례를 지탱한다.

1831년 여름 세지윅(Adam Sedgwick) 교수와 함께 북부 웨일즈로 지질 여행을 갈 때, 다윈이 헨슬로를 위해 채집한 바다비단향꽃무(*Matthiola sinuata*). 다윈이 채집한 가장 오래된 식물표본으로 알려져 있다.

가진 개체는 나타나지 않았다. 이에 헨슬로는 카우슬립앵초와 옥스립앵초를 영국앵초의 변종으로 간주했다. 이 밖에도 헨슬로는 『영국 식물 목록』에서 이전까지 종으로 간주하던 100종을 변종으로 계급을 낮추었다.

또한 헨슬로는 과학이라는 영역은 단순히 관찰하고 기록하는 것만으로는 부족하므로 조심스럽게 적절한 방법으로 관찰하고 기록하며 실험하는 것이 필요하다고 생각했다. 실험을 통해 비교 검토하는 것이 과학의 기초라고 생각한 것이다. 1830년에 발표한 논문에서 헨슬로는 "이제는 직접적이고 정확한 실험에서 추출된 다양한 결과들만이, 다른 종류의 과학 분과보다는, 우리가 연구하는 과학에서 추측할 수 있는 기초를 형성하는 것 같다"라고 했으며, 실험 결과에 대해서는 "서로 다른 종류를 대상으로 실험을 하고 그 결과를 수리적으로 분류하여, 서로 다른 주제로 우연한 관찰 결과에 대한 촌평을 하며, 표로 정리하고, 모든 실패나 만족스럽지 않은 결과에 대해 언급하는 것을 누락하지 않도록 조심해야 한다"라고 주장했다. 식물학이라는 학문을 할 때 요구되는 새로운 접근 방식을 제시한 것이다.

다윈이 『종의 기원』을 비롯한 많은 책과 논문을 쓸 때 지키고자 했던 학문하는 방법, 즉 기록과 비교, 그리고 분석하는 방법을 헨슬로에게 배웠던 것이다. 또한 다윈은 종이라는 문제에 접근할 때, 기존에 모든 종이 창조되어 고정되어 있다는 사고

방식을 버려야만 하고 변이가 나타난다는 생각과 그에 따라 종이 변화할 가능성이 있음도 헨슬로에게서 배웠던 것으로 추정된다. 이로써 다윈은 종이 진화한다는 생각을 자신의 가장 근본적인 사고의 토대가 되게끔 했을 것이다. 이렇듯 다윈 인생에서 헨슬로와의 만남은 그 무엇보다도 큰 영향을 준 사건으로 보인다. 그리고 또 하나, 다윈의 인생을 결정지은 비글호 탐험도 헨슬로의 주선으로 이루어졌다.

5

◇◇◇◇◇◇

비글호 탐험 중에 식물을 채집하다

다윈은 1831년 1월 졸업 시험에 통과한 후, 케임브리지에 머무르며 독서도 하고 지질학 공부도 하면서, 앞으로 시골에서 목사로서의 삶을 살아갈 생각을 하고 있었다. 그러던 중 8월 29 일 헨슬로에게서 한 통의 편지를 받았다. 영국 해군측량선 비글 호의 함장 피츠로이가 함께 탐험할 자연사학자를 찾고 있는데, 헨슬로가 볼 때 그 적임자가 다윈이라면서 다윈의 의향을 물어본 것이다. 이때 헨슬로는 다윈을 "자연사학자로서 완성되지는 않았지만, 자연의 역사를 규명하는 데 가치가 있는 어떤 것이라도 채집하고 관찰하고 기록하는 데에는 충분한 자격을 지니고 있다"라고 평가했다. 헨슬로와 다니면서 다윈이 채집하고 관찰하고 기록하는 과학적 방법론을 터득했기에 이런 평가를 받을 수 있었을 것이다. 비글호 탐험을 다윈의 아버지는 완강하게 반대했지만, 다윈은 1831년 12월 27일 2년 예정으로 영국을 떠났다. 물론 이 탐험은 2년이 아니라 5년이나 걸렸다.

　다윈은 처음부터 비글호의 공식적인 자연사학자 자격으로 비글호에 승선한 것이 아니었지만 『종의 기원』 첫 문장을 "자연사학자로서 영국 해군측량선 비글호를 타고 조사하던 중"이라고 시작하며, 자신을 자연사학자라고 표현했다. 다윈은 비글호 탐험 경비를 자비로 충당함과 동시에 함장의 동료이자 자연사에 대해 이야기 나눌 정도의 자격으로 비글호에 탔던 것이다. 하지만 영국에서 출항한 지 5개월이 지나 브라질 리우데자네이루에 도착한 다윈은 헨슬로에게 보낸 1832년 5월 18일자 편지에서 "이번 탐험의 주된 목적은 지질학과 무척추동물 조사"라고 하면서 자신의 임무가 자연사학자로서 동물과 광물을 채집하는 것임을 밝혔다. 원래 비글호에 승선했던 자연사학자는 여러 가지 문제가 겹쳐 브라질에서 하선하게 되었고, 그에 따라 다윈이 자연사학자 역할을 수행하게 되었음을 알리는 내용의 편지였다. 더군다나 다윈은 1834년 7월 20일 여동생 캐서린에게 보낸 편지에서 "내가 채집할 수 있고 표본으로 만들 수 있는 모든 살아 있는 창조물을, 일부 식물도 포함해서"라고 썼듯이 식물도 자신의 채집 대상임을 밝혔다. 다윈이 비글호 탐험을 하면서 동물과 광물을 위주로 채집을 하고, 식물을 부차적으로 채집했던 것으로 보이나, 어찌되었든 항해 도중에 조사했던 지역이 간직한 자연의 역사와 관련된 모든 재료를 확보하려고 노력했던 것이다.

다윈이 비글호 탐험을 하면서 채집한 식물표본들은 케임브리지에 있던 헨슬로에게 보내졌다. 그런데 다윈은 식물채집을 하면서 식물과 식물이 자라던 장소에 대한 정보를 제대로 제공하지 못했던 것 같다. 다윈이 채집한 식물표본을 받은 헨슬로는 식물에게 이름을 부여하는 일을 도와주던 글래스고 대학교 식물학과 교수인 윌리엄 후커(William Hooker, 1785~1865)에게 보낸 1836년 1월 30일자 편지에서 "다윈이 보낸 편지에는 식물에 대한 정보가 극히 적은데, 아마도 그가 식물학자가 아니어서 그렇겠지만 그가 보낸 표본들은 저를 기쁘게 합니다"라고 평가했다. 아마도 헨슬로가 영국에서 식물을 조사하면서 채집하는 방법을 다윈에게 설명했을 것임에도 다윈은 비글호 여행을 시작하기 전에 헨슬로에게 식물을 채집하는 방법에 대해 "저는 식물과 조류의 가죽이 문제를 일으키는 유일한 점이라고 생각합니다. 그러나 저는 선생님께서 이들을 어떻게 처리하는 것이 적절한지를 알고 있으리라 생각합니다. 선생님께서 미개한 오타헤이트[29] 사람에게 글을 쓰는 방법을 가르치는 것처럼 이 문제에 대해 조금은 자세한 내용을 알려주실 수 있을까요?"라고 1831년 10월 18일자 편지로 문의했다.[30]

---

29 남태평양에 위치한 타히티를 지칭하는 이름이다. 다윈도 비글호를 타고 1835년 11월 이 섬에 들렀다 갔다.

30 버로우가 편집한 다윈 편지 모음집에는 편지 일자가 10월 18일로 되어 있으나, 다윈이 주고받은 편지들을 모아 정리한 홈페이지에는 10월 4일 또는 11일로 되어 있다.

이에 대해 헨슬로가 1833년 1월 15일 다윈에게 보낸 편지에서 "내가 잘 알고 있듯이, 자네가 채집하는 일에만 매진할 수는 없겠지만, 기록할 때 주의가 필요한 것 같네. 식물표본 대부분은 나에게 굉장히 소중한 것들이라네. 단지 식물의 일부만으로 표본을 제작하는 것은 피해야 할 것이야. 자네가 할 수 있는 한 완벽하게 표본을 만들어야 하므로 뿌리와 꽃, 잎 등이 포함되어야 하는데, 자네는 실수하지 않겠지만, 커다란 양치식물과 잎들은 표본의 다른 쪽이 보이도록 접어야 하네. 그렇게 하면 적절한 크기가 될 것이야. 표본을 꿰매는 것과 같은 일을 힘들게 하지는 말고. 이런 일을 하지 않으면 탐험이 더 좋아질 것이네. 그리고 한 장소에서 채집한 표본들의 경우에는 매달 라벨한 개만 기록해도 충분할 것인데, 만일 자네에게 여유 시간이나 인력이 있다면 더 써도 좋을 것"이라고 식물을 채집하고 표본을 만들 때 필요한 주의 사항들을 설명했다. 이후 다윈은 자신만의 방식을 포기했으며 보다 상세하게 표본 정보를 기록했다.

그렇지만 다윈은 비글호 탐험 이전부터 생물과 광물을 조사하면서 엄청나게 기록했던, 일명 '기록하는 사람'이었다. 특히 다윈은 비글호 탐험 전 과정에 걸쳐 일기장과 공책을 구분하여 기록했다. 아프리카 희망봉에서 브라질 페르남부쿠로 가는 1836년 6월 18일부터 8월 12일까지에는 자신이 채집한 표본들을 설명하는 표본공책도 따로 마련하여 기록했으며, 식물이나 식생에 대해서는 따로 '잡지'라는 이름으로 기록했다.[31] 이러한 기록들에 대해 다윈은 사실들을 쓴 것이 아니라 자기 생각일 뿐이라고 누나 캐롤라인에게 보낸 편지[32]에서 얘기했다. 그럼에도 다윈은 엄청난 양의 정보를 기록했다. 이 중 일기는 오늘날 단순히 '비글호 일기'와 '지질학 일기'로 구분하여 부르고 있다. 특히 '비글호 일기'는 '동물학 일기'라고도 부르는데 다윈이 영국으로 귀국해서 발표한 5권의 『비글호 탐험과 동물학』과 3권의 『비글호 탐험과 지질학』의 근거 자료로 공책과 함께 중요하게 활용되었다. 그러나 식물에 대한 일기는 따로 정리하지 않았다. 단지 동물과 관련된 일기의 약 20%가 균류와 지의류 등을 포함한 식물과 관련된 내용일 뿐이다(Porter, 1987). 다윈이 식물학자가 아니어서 식물과 관련된 내용을 많이 기록하지 않았던 것일까?

---

31 이 기록들은 다윈의 손녀 노라 버로우가 1933년 『비글호에서의 찰스 다윈의 일기』라는 제목으로 발표했다.

32 1832년 4월 25일 리우데자네이루에서 보낸 편지라고 Porter(1987)가 150쪽에서 설명하고 있으나, 다윈이 주고받은 편지들을 모아 정리한 홈페이지에서는 이 편지가 검색되지 않는다.

6

◇◇◇◇◇◇◇

갈라파고스에서 한 실수를 만회하다

다윈은 헨슬로의 조언에 따라 채집하고 기록했다. 특히 채집 날짜를 비록 일자는 없으나 월과 연도는 반드시 기록했고, 채집 장소도 비교적 명확하게 기록했다. 다윈이 갈라파고스 제도에서 채집한 표본들을 보면, 채집 날짜와 장소가 "1835년 9월 말, 채텀섬", "1835년 10월 초, 제임스섬" 또는 "1835년 10월, 제임스섬, 미모사 관목 숲에 많은 개체들이 자람" 등처럼 조금은 상세하게 기록되어 있다(Porter, 1980). 그럼에도 동물, 특히 조류의 경우에는 표본의 정보가 불확실했는데, 이러한 점에 대해 다윈은 자기 자신이 학문적으로 미숙한 탓이라고 했다. 다윈은 "불행히도 내가 채집한 표본들을 다 정리할 때까지 나는 이러한 사실들을 몰랐다. 섬들은 기껏해야 몇 km 정도 떨어져 있었고 물리적 환경도 비슷했다. 하지만 이 섬들에서 살아가는 생물들

이 이처럼 다르다는 사실을 나는 완전히 몰랐던 것 같다"[33] 라고
『비글호 탐험기』에 솔직하게 고백했다. 식물은 비교적 상세하게 기록했으나, 다른 생물들은 그렇지 못했던 것이다. 식물학자가 아니었던 다윈이 식물학자로 거듭나는 것일까? 다윈은 갈라파고스의 동식물을 조사하면서 기록한 공책 30쪽에 "내가 조류학이라는 관점에서는 남아메리카를 확실히 이해했는데, 식물학자도 되어야만 할까?"라는 참으로 이해하기 어려운 메모를 남겼다. 다윈 스스로 식물학자로 변신하겠다는 의미일까? 식물학자가 되어야겠다는 의미일까? 아리송하다.

다윈은 갈라파고스 제도의 채텀섬(Chatham Island, 산크리스토발섬의 영국식 이름)에 1835년 9월 15일에 도착해서 받은 느낌을 『비글호 탐험기』의 9월 17일 일기에 "이 제도의 자연사는 아주 주목할 만하다. 이 제도가 마치 하나의 조그만 세계 같다. 다른 곳에서는 발견되지 않는 동식물들의 정착생물 수가 엄청나게 많다"라고 기록했다. 지난 3년간 남아메리카에서 살아가는 동식물들을 관찰했던 다윈의 눈에 남아메리카에서 약 1,000km 떨어져 있는 갈라파고스 제도에서 살아가는 동식물들이 너무나 다르게 보였던 것이다. 다윈이 지나왔던 칠레의 남북 길이만도 약 4,300km인 점을 감안하면 갈라파고스 제도까지의 거리

---

33 신현철. 2016. 진화론은 어떻게 진화했는가. p.33.; Darwin, C.R. 1839. Narrative of the surveying voyages of Beagle. p.474.

는 그렇게 멀지 않았을 것이다. 그럼에도 남아메리카의 생물들과 갈라파고스 제도의 생물들이 한눈에 봐도 너무나 다름을 다윈이 인식한 것이다. 다윈은 그 당시에는 특히 식물을 정확하게 구분하지 못하여 『비글호 탐험기』에 "식물들은 아직 조사하지 못했다"라고 했으며 "새로운 종, 아마도 심지어 새로운 속[34]이 이 제도에서 발견될 수도 있겠다"라고 언급한 헨슬로의 말에 따르면,[35] 자신은 잘 모르지만, 새로운 식물들이 발견될 수도 있음을 암시하는데, 이 일은 다윈이 할 수 있는 것이 아니었다.

다윈은 5년에 걸친 비글호 탐험을 하면서 1,400여 점의 고등식물 표본을 만들었는데, 이 가운데 200여 점은 단지 6주 동안 머물렀던 갈라파고스 제도에서 채집된 것이다(Stocklin, 2009). 갈라파고스 제도에서만 전체의 14%를 채집한 것이다. 다윈은 1836년 1월 28일과 29일 사이에 써서 헨슬로에게 보낸 편지에 갈라파고스 제도에서는 자신이 열심히 일을 했다고 하면서, "무엇보다도 저는 제가 볼 수 있는 꽃이 핀 개체들을 모두 채집했습니다. 마치 개화시기인 듯합니다. 제가 채집한 표본들이 선생님께 조금이라도 흥밋거리가 되기를 희망합니다. 저는 앞으로 갈라파고스 제도의 식물상이 아메리카에 속하는지, 아니면 독창적인 것인지를 알아보려고 합니다"라고 자신이 조사한 결

---

34 새로운 종과 속은 그 당시까지 학계에 보고되지 않은 생물임을 의미한다. 흔히 신종 또는 신속이라고 부른다.

35 Darwin, C.R. 1839. Narrative of the surveying voyages of Beagle. p.460.

다윈이 채집한 갈라파고스 고유종 갈라파고스가시박(*Sicyos villosus* Hook.f.) 표본

과가 어떤 의미가 있는지를 영국에 도착해서 찾아보겠다는 속내를 내비쳤다. 그러나 탐험이 끝나고 3년 뒤인 1839년 출간된 『비글호 탐험기』에는 이와 같은 내용이 소개되지 않았다. 아마도 채집한 표본들을 제대로 정리하지 못했기 때문일 것이다.

다윈은 자신이 채집한 표본들을 헨슬로에게 보냈고, 헨슬로는 일부 표본을 글래스고 대학교에 있던 윌리엄 후커에게 보내면서 도움을 청했다. 그러나 헨슬로와 윌리엄 후커는 다윈이 제작한 식물표본을 제대로 정리하지 못했다. 단지 헨슬로가 1837년 다윈이 채집한 표본을 근거로 다윈선인장(*Opuntia darwinii*)과 갈라파고스선인장(*Opuntia galapageia*)이라는 두 종을 학계에 새로운 종으로 보고했을 뿐이다. '*darwinii*'라는 종소명은 다윈을 기념하기 위하여 다윈의 이름에서 따온 것이다(Henslow, 1837). 이후 윌리엄 후커의 아들인 조지프 후커(Joseph Dalton Hooker, 1817~1911)가 다윈의 표본을 정리해서 1845년 3월 4일, 5월 6일 그리고 12월 16일 등 세 차례에 걸쳐 린네학회에서 발표했고, 이 발표 자료를 모아서 1847년 「신종으로 기재된 식물들을 포함한 갈라파고스 제도의 식물 목록」이라는 제목으로 논문을 린네학회지에 발표했다(Hooker, 1847a). 이런 일련의 일들을 하는 동안 후커는 수시로 다윈에게 자신이 검토한 내용을 알려주었다. 1844년 1월 29일 후커는 다윈에게 편지를 보내면서 "지금 갈라파고스 제도에 분포하는 식물들을 검토하기 시작했다"라고 했고, 이어서 같은 해 2월 23일에서 3월 6일에 걸쳐 작성된 편지에서는 "갈라파고스 제도의 식물상은 남아메리카, 특히 브라질 남부와 특이하게 비슷합니다. (중략) 특히 대극과에는 19종이 있는데, 이 가운데 16종은 완전히 새로운 종들이며, 이들은 모두 아주 흔하게 분포하는 대극속(*Euphorbia*), 깨풀속(*Acalypha*), 여우주머니속(*Phyllanthus*) 등에 속합니다"라고 알려주었다. 이후에도 후커는 다윈이 채집한 표본들에 대한 검토 의견을 다윈에게 수시로 보냈다.

다윈은 후커에게 받은 자료를 분석하여, 1845년 『비글호 탐험기』 2판을 발간할 때에는 이 자료를 첨부했는데, "지금부터는 식물상을 설명하겠다. 우리는 섬에 따라 너무나도 서로 다른 토종식물[36]을 발견할 것이다. 내 친구 후커 박사의 높은 권위에 의존해서 다음과 같은 결과를 제시하고자 한다. (중략) 제임스섬에는 38종의 갈라파고스 식물이 자라는데, 이 중 30종은 전 세계 어디에서도 자라지 않고 오직 이 한 섬에서만 국한되어 자란다는 놀라운 사실을 우리는 발견했다. 그리고 알베마르섬에는 26종의 갈라파고스 토종식물이 자라고 있는데, 22종이 이 한 섬에서만 자라며, 4종은 갈라파고스 제도 내 다른 섬들에서도 자란다. 채텀섬과 찰스섬의 식물들은 표에서 보는 것과 같다"라고 서술했다. 제임스섬에는 71종의 식물이 자라는데, 이 가운데

---

36 본디부터 특정한 장소에서 살던 생물을 토종 또는 토종생물이라고 한다. 순계로 장기간 특정 장소의 풍토에 적응한 지방 특이적인 생물로, 역사적으로 또는 과학적으로 처음 기록된 생물이다. 자생종과 재래종을 포함하는 의미이다.

33종은 갈라파고스 제도 이외의 지역에서도 자라고, 38종은 갈라파고스 제도 안에서만 자라며, 특히 30종은 제임스섬에서만 자란다는 설명이다.

　다윈은 『비글호 탐험기』 초판에서 "이 제도의 자연사는 아주 주목할 만하다. 이 제도가 마치 하나의 조그만 세계 같다. 다른 곳에서는 발견되지 않는 동식물들의 정착생물 수가 엄청나게 많다"라고 썼던 부분을 2판에서는 "이 섬들의 자연사는 엄청나게 강한 호기심을 유발하며, 그만한 가치가 있다. 생물 대부분은 토종의 창조물들로, 다른 곳에서는 발견되지 않는다. 심지어 제도 내의 섬마다 살아가는 정착생물들 사이에서도 차이가 있다. 또한 대륙에서 아무것도 없는 바다라는 공간으로 800~1,000km 떨어져 있지만, 이곳에서 살아가는 정착생물들이 아메리카의 생물들과 뚜렷한 연관관계를 보인다"라고 설명했다. '주목할 만한 자연사'가 어느 정도 규명된 것이다. 즉, 남아메리카 대륙의 생물들이 갈라파고스 제도로 이주해 왔고, 갈라파고스 제도의 섬마다 독특한 환경 조건에 이주한 생물들이 적응해서, 섬마다 특이한 생물들로 진화했을 것이라는 점을 암시하고 있다. 이러한 추정을 가능하게 했던 한 가지 사실은 갈라파고스 제도가 해양섬이자 화산섬이라는 점이다.

　해양섬은 바다 한가운데에 있는 섬이며, 화산섬은 해양에서 화산이 폭발하면서 만들어진 섬이다. 화산섬이라는 단어가 의미하는 생물학적 측면은, 화산섬이 처음 만들어졌을 때에는 생물들이 존재하지 않았다는 것이다. 만일 생물들이 창조되지 않았다면, 화산섬이 식으면서 생물들이 외부에서 들어와 살았을 것이다. 또한 만일 진화가 일어나지 않고 생물들이 외부에서 들어와 살았다면, 화산섬에 들어오기 전 외부에서 살던 생물 종류와 화산섬으로 들어와 살고 있는 생물 종류가 모두 같아야만 할 것이다. 그런데 다윈은 외부의 생물과 갈라파고스 제도의 생물이 서로 달랐을 뿐만 아니라, 갈라파고스 제도 내의 여러 섬들에서도 각기 달랐다는 점에 흥미를 가졌으며, 외부라는 지역으로 남아메리카를 지목했다. 다시 정리해보자. 다윈은 남아메리카에서 살아가던 생물들이 우연한 기회에 화산이 폭발하면서 만들어진 갈라파고스 제도로 이주해 왔고, 이 제도의 독특한 환경 조건에 적응해서 외부의 종과는 다른 종이 되었을 것이라고 추정한 것이다.

다윈은 어떻게 추정했을까? 더군다나 다윈이 식물학자도 아닌데 식물로부터 어떻게 추정했을까? 어찌되었든 다윈은 1836년 10월 2일 영국 남부 서쪽 끝에 있는 팰머스항으로 돌아왔으며, 10월 4일에는 자신의 '어릴 적 친구들'이 기다리고 있는 마운트 하우스에 도착했다. 그리고 다윈은 도전했다. 수수께끼 중의 수수께끼, 또한 지독한 수수께끼에.

1840년 젊은 시절의 찰스 다윈 모습. 비글호 항해를 마치고 돌아온 지 4년 후이다. 조지 리치먼드(George Richmond) 그림

II부

◇◇◇◇◇◇

식물과 멀어질 수밖에
없었던 다윈

(1836~1857)

1

◇◇◇◇◇◇

자연사학자로 인정받다

다윈은 5년에 걸친 비글호 탐험을 끝내고 영국으로 돌아왔다. 그의 마음속에는 자연의 역사를 규명하겠다는 새로운 생각이 자리를 잡았다. 그는 1833년 5월 22일 우루과이 몬테비데오에서 말도나도로 가면서 여동생 캐서린에게 쓴 편지에서 "나는 비글호 탐험을 하면서 보낸 시간을, 비록 다른 모든 것들을 놓쳐버렸다고 해도, 자연사에 있어서는 충분한 가치가 있다고 확신할 뿐만 아니라 믿고 있단다. 미약한 한 사람이 지식을 일반적으로 확대하려는 일은 삶의 목표로서 존경받을 만한 것으로, 누구라도 어떻게 해서든지 할 수 있는 것처럼 보이는구나"라며 새로운 일에 도전하겠다는 속내를 드러냈다. 비글호 탐험을 시작하기 전에는 탐험을 다녀온 후 시골에서 목사로서의 삶을 살겠다고 다짐했지만, 비글호 탐험을 시작한지 5개월 만에 다윈의

　　　　　　　　　　　　　　　　　다윈의 식물들

마음속에 다른 생각이 깃들기 시작한 것이다. 그리고 다윈이 영국으로 돌아오기 8개월 전인 1836년 2월 12일 누나 수잔이 "아버지와 우리는 난롯불 앞에서 네가 귀국하면 무엇을 할지 곰곰이 생각하고 있단다. 나는 네가 아직도 교회로 갈 생각이 아주 조금이라도 남아 있는지 걱정하고 있단다. 나는 네가 반드시 케임브리지에 있는 교수에게로 가야만 한다고 생각한다"라고 다윈에게 편지를 보냈듯이, 다윈 본인도 그리고 가족도 모두 목사라는 직업을 포기한 것으로 보인다.

한편 다윈이 영국으로 귀국하기 전부터 영국 사회에서는 다윈을 자연사학자로 인정하기 시작했다. 비록 다윈이 사람들 앞에서 학술 논문을 발표한 적은 없지만, 다윈의 이름이 학계에 처음 등장한 것은 다윈이 비글호 탐험을 떠나기 전인 1829년 1월에 출간된 『영국 곤충 도해』 2권 200쪽에서다. 다윈 이름이 "Page 136. GRAPHIPHORA plecta. 'Cambridge.'—C. Darwin, Esq."라는 설명 속에 나온다. 케임브리지에서 다윈이 채집한 표본이 *Graphiphora plecta*라는 종이라는 설명이다. 이후에도 다윈이 채집한 표본은 여러 학명으로 『영국 곤충 도해』 3권, 4권, 5권에서도 소개되었다. 다윈이 자신의 이름으로 학문적 발표는 하지 않았지만, 전문적인 채집가로서의 이름은 적어도 곤충학계에서는 알려지기 시작한 것이다.

이후 다윈은 자연사학자로서 학계에 공식적으로도 소개되

었다. 비글호 탐험 중인 다윈은 모르고 있었지만, 1832년 5월 18일부터 1835년 4월 14일까지 다윈이 헨슬로에게 보낸 편지에서 헨슬로가 지질학과 관련된 내용을 선택해서 1835년 11월 16일 케임브리지철학학회에서 발표한 것이다. 이 발표에서 헨슬로는 "오늘 발표한 견해는 한 여행자가[1] 여행하면서 기록한 공책을 점검하고 자신의 채집물을 검토하기 전에, 그가 과학적으로 정확한 관심을 가지고 주의 깊게 관찰한 관점에서 바라본 최초의 생각으로 간주되어야만 할 것입니다"라고 언급했다. 그리고 다윈에게 지질학을 알려주었던 세지윅(Adam Sedgwick, 1785~1873) 교수가 같은 해 11월 18일에 열린 지질학회에서 이 편지들을 사람들에게 널리 알렸다. 한편, 편지에 있는 내용 중 동물과 관련된 부분은 따로 추출되어 다음해인 1836년도 『곤충학 잡지』에 「다윈 씨가 헨슬로 교수에게 보낸 편지 내용」(Anonymous, 1836)이라는 제목으로 게재되었다. 다윈이 비글호 탐험을 하면서 열심히 채집하고 있을 때, 다윈이라는 사람이 수행한 조사 결과가 영국 지질학회와 곤충학회에 소개된 것이다. 다윈은 이 사실을 모르고 있다가 귀국하는 길에 잠시 들렀던 대서양에 있는 어센션(Ascension)섬에서 자신이 선도 과학자 중 한 사람으로 알려져 있음을 알게 되었다.[2]

---

1 다윈을 지칭한다.
2 Darwin, F.(ed.) 1887. The life and letters of Charles Darwin. Vol. 1. p.66.

다윈이 비글호 탐험을 하려고 떠나기 직전에 다윈에게 지질학을 알려주었던 현대 지질학의 창시자이자 케임브리지 대학교 교수였던 세지윅은 다윈에 대해 "그는 남아메리카에서 경탄할 정도로 활동하고 있으며, 이미 모든 칭찬을 뛰어넘는 표본들을 영국으로 보냈습니다. 그가 비글호 탐험을 하게 된 것이 그에게는 이 세계에서 할 수 있는 최고의 일이었을 것입니다. 그가 게으른 사람이 될 수 있는 위험도 어느 정도 있었지만, 그의 성격은 그대로 굳어지지 않았고, 만약 신이 그의 목숨을 살려 둔다면, 그는 유럽에 있는 자연사학자 가운데 최고의 명성을 갖게 될 것입니다"[3]라고 평가했다.

다윈은 영국으로 귀국하는 도중 1836년 7월 9일, 프랑스 황제였던 나폴레옹의 유배지로 널리 알려진 세인트헬레나(Saint Helena)섬에서 헨슬로에게 "선생님에게 도움을 청하고자 합니다. 저는 지질학회에 가입하고 싶습니다. 제가 잘 모르지만, 투표에 앞서 누군가가 제안하는 시간이 있다고 알고 있습니다. 만일 그러하다면, 선생님께서 적절한 준비 단계를 밟아주시면 충분할 것입니다"라고 편지를 보내며, 자신을 지질학회 회원으로 추천해달라고 부탁했다. 케임브리지 대학교에 입학할 때 가졌던 목회자의 길을 포기하고 지질학회 회원으로 가입하여 새

---

3 1835년 11월 25일 누나 수잔이 다윈에게 보낸 편지 내용으로, 다윈은 귀국 도중에 들렀던 대서양의 어센션섬에서 이 편지를 읽었다.

로운 세계에 도전하고자 하는 다윈이 자신의 의지를 표명한 것이 아니겠는가. 그리고 다윈의 친구이자 곤충을 좋아했던 호프(Frederick William Hope, 1797~1862)는 1833년 곤충학회를 창립하면서 다윈을 회원으로 가입시켰다.[4] 그런데 식물과 관련해서는 왜 아무런 행동이 없었을까? 다윈의 편지를 받은 헨슬로는 다윈에게 식물을 가르쳤던 사람인데, 그는 왜 식물과 관련된 내용을 이 발표에서 누락했을까? 다윈은 어려서부터 식물을 친구로 생각했던 사람인데 말이다.

---

4 1834년 1월 15일 호프가 다윈에게 쓴 편지에 있는 내용이다.

2

◇◇◇◇◇◇◇

식물과 거리를 두게 되다

헨슬로가 발표했던 내용을 조금 더 살펴보자. 그는 의도적으로 식물과 관련된 내용을 누락한 것 같다. 발표 내용을 유인물로 나누어 주었는데, 표지를 포함해서 30쪽 분량이다. 내용은 3쪽에서 시작하는데, 한 쪽은 29줄로 되어 있다. 중간중간 빈 줄도 있고, 편지 쓴 날짜와 장소도 한 줄을 차지하므로 한 쪽이 모두 29줄은 아니나 29줄로 간주한다면, 전체 내용은 812줄이나 된다. 이 가운데에서 식물과 관련된 내용은 고작 23줄에 불과했다. 3%도 되지 않는다. 식물에 관심이 있던 사람조차도 헨슬로의 유인물에 나열된 다윈이 보고하는 식물에 대해서 관심을 보일 수준이 아닌 것 같다.

실제로도 유인물에 있던 식물 관련 내용은 다음과 같이 매우 빈약했다.

1) 1832년 8월 15일, 몬테비데오. 아브로토스[5]에서 채집한 제 표본들은, 제가 추정하기로는 그 지역에 있는 꽃 피는 식물 모두인데, 흥미롭습니다; 2) 1834년 3월, 동포클랜드(East Falkland)섬.[6] 저는 파타고니아[7] 해안, 포트데저[8]와 포트세인트줄리안[9]에 자라는 식물 가운데 꽃이 피어 있는 식물을 채집했습니다; 3) 1834년 7월 24일, 발파라조[10]. 상자 안에는 씨앗이 들어 있는 주머니 두 개가 있습니다. 하나는 안데스산맥의 1,500m에서 3,000m 사이에서 채집한 것입니다. (중략) 다른 하나는 주로 3,000m 또는 그 이상의 지역인 멘도사[11]의 건조한 모래가 많은 지그재그 길에서 채집한 것입니다. 관목들이 자라더라도 건강한 상태는 아닙니다. 멘도사라고 표기된 주머

---

5 다윈은 1832년 5월 27일부터 30일까지 우루과이 몬테비데오 북쪽에 위치한 브라질 아브롤호스(Abrolhos) 제도를 조사했다. 다윈이 편지에 쓴 "Abrothos"는 아브롤호스를 잘못 표기한 것으로 보인다.

6 아르헨티나 남단에 위치한 티에라델푸에고(Tierra del Fuego)섬에서 동쪽으로 약 400km 떨어진 포클랜드 제도를 이루는 커다란 두 섬 중 동쪽에 있는 섬이다.

7 남아메리카의 최남부 지역으로, 남위 40도 부근을 흐르는 네그로강 이남 지역을 말한다. 아르헨티나와 칠레의 양국에 걸쳐 있다.

8 오늘날에는 푸에르토데세아도(Puerto Deseado)라고 부르는데, 아르헨티나 남부의 데세아도강 하구에 위치한 항구 도시이다.

9 오늘날에는 푸에르토데세아도 항구에서 남쪽으로 180km 떨어진 곳에 위치한 항구 도시인 푸에르토산줄리안(Puerto San Julián)이다.

10 칠레의 수도 산티아고와 인접한 항구 도시이다.

11 안데스 산맥 서쪽에 위치한 아르헨티나의 멘도사 주의 도시로, 해발 750m 지역이다. 연 강수량이 약 220mm에 불과하여 건조한 상태가 유지된다.

니에는, 하얀색 꽃이 피는 조그만 감자로 보이는 식물의 씨앗 또는 장과가 들어 있습니다. 이 식물들은 물이 없어 사람이라고는 아무도 없는 곳에서부터 수 km에 걸쳐 자랍니다. 초노스(Chonos) 제도[12]에서 채집된 건조 표본 중에는 의심할 여지없이 진정한 야생 감자와는 완전히 반대되는 기후 조건에서 자라던 야생 감자 표본도 있습니다. 이 식물은 산맥 아래쪽에서 자라는 종과는 뚜렷하게 구분되는 종임이 틀림없습니다.

야생 감자에 대한 설명은 이 유인물의 제일 마지막에 나오는데, 이 부분을 제외하고는 사람들의 관심을 유발하기에는 너무나 부족했을 것이다. 아니면 콜럼버스, 마젤란 이후 많은 사람들이 남아메리카의 식물들을 유럽에 소개했기에 이미 남아메리카 식물에 대한 신비로움이 사라진 탓은 아니었을까? 헨슬로는 식물과 관련된 내용이 있는 편지는 소개하지 않았다. 갈라파고스 제도의 식물표본이 도착하지 않아서였을까? 아니면 훔볼트(Alexander von Humboldt, 1769~1859)의 업적과 비교해서 너무나 사소하다고 느꼈을까? 훔볼트는 다윈이 태어나기 전인 1799년부터 1804년까지 남아메리카의 북부에 위치한 베네수엘라에서 서부에 위치한 페루 지역을 비롯하여 멕시코와 미국 일대를 탐험했고, 수많은 책을 발간했다. 이 중 식물학 분야로는 16권이 있는데, 훔볼트는 같이 탐험을 한 봉프랑(Aime Bonpland,

---

12 칠레 남부 지역에 발달한 제도이다.

1773~1858)과 8,000여 종의 식물을 기재했고, 이들 가운데 4,000여 종은 학계에 처음으로 보고된 것들이었다(Humboldt and Bonpland, 2009).

어찌되었든 다윈은 1836년 10월 4일 어릴 적 친구들이 기다리고 있던 마운트 하우스에 도착했다. 도착하자마자 무엇보다도 먼저 자신의 탐험기 원고를 쓰고 싶었다. 또한 탐험기만으로는 부족할 듯하여 비글호 탐험에서 채집한 표본들을 믿을 만한 전문가들이 검토하게 한 후 책으로 내고 싶었다. 『비글호 탐험의 동물학』이라는 제목으로 시리즈를 만들고 싶었던 것이다. 다윈은 자신만의 생각으로 탐험기를 쓰고, 전문가들과는 함께 분야별로 시리즈를 만들려고 곧바로 자신의 생각을 행동으로 옮겼다. 시리즈를 만드는 데 필요한 자금을 모아서, 포유동물 화석은 왕립외과의사협회의 오웬(Richard Owen, 1804~1892) 교수에게, 포유동물은 딱정벌레 채집가이자 포유류 연구자 워터하우스(George Robert Waterhouse, 1810~1888)에게, 조류는 조류학자로 『유럽의 새』를 집필한 굴드(John Gould, 1804~1881)에게, 어류는 자연사학자 제닌스(Leonard Jenyns, 1800~1893)에게, 양서류와 파충류는 킹스칼리지런던의 동물학 교수 벨(Thomas Bell, 1792~1880)에게 각각 맡겼다. 그리고 자신은 『비글호 탐험기』 원고를 썼다. 이 책은 1839년에 발간되었고, 동물학 시리즈는 1838년부터 1843년에 걸쳐 분야별로 출판되었다. 이 와중에도 다윈은 칠레 해안이 천천히 상승하고 있다는 사실을 입증

다윈의 식물들

『비글호 탐험의 동물학』(1836)에 수록된 갈라파고스 제도의 선인장핀치(*Geospiza scandens*)와 큰땅핀치(*G. magnirostris*)

하는 논문을 발표했다. 참으로 바쁜 시절이었다.

그럼에도 어릴 적 친구였던 식물에 대한 보고서는 역시나 없었다. 영국박물관에 근무하는 브라운을 만났으나 그가 다른 사람에게 먼저 의뢰받은 식물표본조차도 검토하지 않고 뭉개고 있는 것을 보고, 다윈은 그에게 자신의 표본을 의뢰할 수 없다고 생각했다. 또한 헨슬로의 소개로 식물학자들을 만났다. 이 가운데 킹스칼리지런던 교수인 돈(David Don, 1799~1841) 박사도 만났으나, 다윈은 돈 교수가 질문하는 내용에 답도 하지 못했고, 표본도 맡기지 못했다. 다윈은 1836년 11월 1일 헨슬로에게 보낸 편지에 "선생님께서는 많은 식물학자들에게 저를 소개해 주셨습니다. 그러나 돈 박사가 놀랍도록 긴 이름을 가진 식물의 아름다운 모습을 언급하고, 이 식물이 어디에서 사는지 물었을 때 제가 매우 어리석다는 느낌을 받았습니다. 제가 사초속(Carex) 식물 한 종류를 어디에서 채집했는지 전혀 알지 못한다고 했을 때 어떤 사람은 깜짝 놀라는 것 같았습니다. 결국 저는 제가 완전히 무지하다고, 또한 제가 채집했던 식물에 대해서 달에서 사는 사람만큼이나 아는 것이 없다고 인정했습니다"라고 변명 아닌 변명을 해야 했다.

다윈은 식물을 채집했지만, 채집할 때 반드시 기록해야 할 생육지 환경에 대한 정보를 정확하게 기록하지 못한데다 채집된 식물을 정확하게 동정할 줄도 몰랐다. 이렇듯 식물학에 자신이 없었기에 다윈이 더욱더 위축될 수밖에 없지 않았을까. 다윈은 헨슬로에게 갈라파고스 식물들을 제일 먼저 살펴봐 달라고 부탁하면서 헨슬로가 각 섬을 대표하는 종들을 찾아내 주기를 바랐다.[13] 다윈은 1838년 11월 3일 헨슬로에게 보낸 편지에서 "저는 『비글호 탐험기』에 들어갈 부록을 준비하고 있는데, 이 탐험기에 제가 논의한 몇 가지 주제에 대해 몇 마디를 추가하려고 합니다. (중략) 기도하건대, 선생님께서 이름을 부여하는 일에 어떠한 어려움이라도 생기지 않기를 바랍니다. 제가 원하는 것은 제 식물표본들이 어떻게 분류되는지, (선생님께서 한두 개라고 저에게 말씀하셨는데) 같은 속에 속하는 가까운 종이 있는지, 그리고 한 종이 한 섬에서, 다른 종이 또 다른 섬에서 기원했는지"가 궁금하다고 했다. 다윈은 갈라파고스 제도의 많은 섬들마다 서로 다른 종들이 살고 있는지를 조사해보고 싶었던 것이다. 만일 서로 다르다면, 정확한 식물명은 몰라도, 그 이유를 따져볼 심산이었다. 하지만 헨슬로는 1837년에 다윈이 채집한 표본을 근거로 신종 두 종만을 발표했으며, 1838년에는 다윈이 귀국하면서 잠시 들렀던 인도양에 위치한 코코스 제도의 식물상을 정리해서 발표했을 뿐이다. 헨슬로는 교회 일로 바빠서 다윈의 표본을 검토할 시간이 없었다(Stocklin, 2009). 또한 다윈 스스로도 바빴지만, 자신이 채집한 식물표본을 검토해줄 사람도 찾지 못했다. 여하튼 다윈은 식물과 거리를 두게 될 수밖에 없었다.

---

13 데스먼드, 에이드리언과 무어, 제임스(김명주 역). 2012. 다윈 평전. pp.378-379.

3

◇◇◇◇◇◇

원예식물에 관심을 가지다

다윈은 귀국한 이후 바쁜 일정을 소화했다. 동물과 광물에 관련된 조사 내용을 정리하는 데 도움이 될 사람들을 주로 만나면서 보고서를 작성하는 일에 매진했다. 그러면서 다윈은 수시로 원인 모를 병치레도 했고, 사랑하는 엠마와 결혼도 했고, 집도 구했다. 이 와중에 여러 생각들, 특히 진화와 관련된 생각들을 정리하면서 시간을 보냈는데, 식물에 대해서는 생각할 겨를이 없었던 것 같다. 아마도 식물학자와의 만남에서 받은 충격을 스스로 극복할 시간을 가져야만 했을 것이다. 헨슬로 역시 자신의 교회 일 때문에 바쁘기도 했지만, 1840년 이후에는 과학 연구를 거의 포기한 상태였다. 식물에 관해서는 누군가의 도움이 절실히 필요했다.

그래서 다윈은 기대를 안고 대가들과의 만남을 시도했다. 1839년 5월 런던에 방문했을 때는 당대 식물학의 대가인 드캉돌과 저녁 식사를 하면서 에든버러에 있을 때 이미 들었던 자연의 전쟁이라는 개념에 대해 이야기를 나누었다.[14] 또한 『비글호탐험기』가 출판되자 어릴 적 탐험가로서 롤모델이었던 훔볼트에게 이 책을 보냈다. 훔볼트는 불어로 된 장문의 편지를 다윈에게 보냈다. 이를 계기로 1842년 런던에서 훔볼트를 만났지만, 당시 73세인 노인 훔볼트에 대해서 약간 실망을 했을 뿐 어떤 이야기를 나누었는지조차도 기억나지 않는다고 했다.[15]

다윈은 식물에 대해 새로운 돌파구가 필요해서 원예식물로 눈을 돌렸다. 1839년 무렵에 원예가들은 우연히 태어난 특이한 개체들을 기회로 여겼음이 틀림없다고 생각했던 다윈은 "더 강한 체질을 지닌 어린 개체들이 우연히 만들어진다"라고 원예가들이 말하는 점에 주목했다. 강한 개체들과 약한 개체들 사이의 치열한 전투 결과 우연히 만들어진 강한 개체들이 보존되는 경우를 관찰하게 됨으로써[16] 좀 더 강한 씨앗들이 우연히 만들어진다는 사실을 다윈은 강하게 주장할 수 있게 되었으며, 씨앗을 선택하는 방법에 대해 농부들에게 문의했다. 가까이 다가온 동

---

14 데스먼드, 에이드리언과 무어, 제임스(김명주 역). 2012. 다윈 평전. p.476.

15 Darwin, F.(ed.) 1887. The life and letters of Charles Darwin. Vol. p.74.; http://darwin-online.org.uk/EditorialIntroductions/Chancellor_Humboldt.html

16 데스먼드, 에이드리언과 무어, 제임스. 같은 책. pp.474-475.

물학자와 학구적인 식물학자의 관점을 멀리하고 원예학자의 길로 잠시 떠나게 되었다. 식물학은 주로 야외에서 자라는 식물을 연구 대상으로 하나, 원예학은 정원 등지에서 사람들이 가꾸는 식물을 연구 대상으로 삼는 차이가 있다.

다윈은 새로운 공책을 꺼내 '질문과 실험'이라는 제목을 붙이고, 헨슬로, 오웬, 원예학자 등 질문할 사람들 명단을 작성해서, 질문할 내용과 실험할 내용을 쭉 써 내려갔다. 다윈은 50쪽 분량의 이 공책을 1844년 10월까지 사용했다. 동물과 식물을 구분해서 질문과 실험 종류를 썼으나, 상당수는 식물과 관련된 것들이었다. 식물과 관련된 내용이 26쪽으로 공책 대부분을 차지한 반면, 동물과 관련된 내용은 10쪽이었고, 1쪽은 동식물과 무관하며, 13쪽은 비어 있다. 식물과 동물에 대해 이토록 궁금한 것들을 어떻게 실험으로 확인할 수 있을까라는 생각들이 다윈으로 하여금 기록하게 하지 않았을까. 첫 쪽에는 '순간 떠오르는 질문'이라는 소제목이 붙어 있으며, "후커[17]는 매발톱꽃 종류에서는 꽃 뒤쪽에 달리는 돌출물인 거(距, spur)의 형태가 다양하게 변하지만, 미나리아재비 종류에서는 꿀샘의 형태가 다양하게 변한다고 말했다. 전자가 선택과 관련된 실험에 최선"이라고 씌어 있다.[18]

---

17 윌리엄 후커이다.
18 다윈이 기록한 "질문과 실험" 공책에서 식물과 관련된 내용은 부록 3에 있다.

다윈의 식물들

이 밖에 기름진 땅에서 데이지 키우기, 색유리 아래에서 씨 앗 뿌리기, 양배추 잡종 만들기 등과 같은 질문이 포함되어 있 었다. 이런 질문이나 계획은 모두 변이라는 암호를 풀어내려 는 다윈만의 독창적인 접근 방식이나, 당시 기준으로 보면 실 로 엉뚱했다. 케임브리지에 있는 그 어떤 교수도 복숭아와 천 도복숭아를 교배해서 창조의 비밀을 풀어내려고 하지 않았기 때문이다.[19] 헨슬로에게 배웠던 변이라는 문제를 다소 이론적 인 식물학자의 지식으로 해결하지 않고, 실제로 농사를 짓는 농부들의 생각과 재배 결과로부터 풀어보려고 시도했던 것이 다. 어떻게 보면 마음속에만 들어 있던 진화와 관련된 생각들 을 실험을 통해 검증하고자 한, 실험생물학의 시작이라고 평가 할 수도 있겠다.

절실한 도움이 필요해서 편지를 보낸 사람 중에는 영국 중부 지방에 위치한 스포포스 지역에서 교회 목사 활동을 하면서 수 선화과(Amaryllidaceae) 식물들을 재배하고 있던 허버트(William Herbert, 1778~1847)도 있다. 다윈은 1839년 4월 1일 헨슬로에게 편지를 보내 허버트에게 전해 달라고 부탁하면서 잡종을 만들 면 잡종의 어린 개체는 부계와 모계 중 어느 쪽과 더 많이 비슷 한가 등 10가지 질문을 했고, 허버트도 역시 헨슬로를 통해 모 계 쪽보다는 부계 쪽을 더 많이 닮는다는 등 10가지 답변을 다

---

19 데스먼드, 에이드리언과 무어, 제임스(김명주 역). 2012. 다윈 평전. p.475.

원에게 보냈다.[20] 다윈은 『종의 기원』에서 "맨체스터 대성당의 교무원장인 허버트보다 더 많은 열정과 능력을 지닌 사람은 없는데, 그는 확실히 엄청난 원예학적 지식을 도출했다"라면서 허버트를 칭찬했다.[21] 허버트는 다윈의 질문에 답을 보낸 직후인 1840년 맨체스터 대성당의 교무원장으로 자리를 옮겼다.

이 밖에도 1841년에는 몸이 아파 요양하면서도 다윈은 아버지에게 연락해서 정원사에게 "재미는 없겠지만 완두콩을 교배해서 새로운 변종이 만들어지는지 확인해달라"라고 부탁했고, 정원사는 "완두콩을 수거했지만, 모두 같은 종류였을 뿐 새로운 종류는 보이지 않았다"라고 대답했다.[22] 다윈은 완두콩 말고도 콩 종류와 타임[23] 종류에 대해서도 물어보았다. 정원사는 "모든 콩을 조사하지는 못했지만 가장자리에 초록색을 띠는 것이 있었으며, 타임 종류의 경우에는 상태가 좋지 않아서 찾지 못했다"라고 다윈의 아버지에게 대답했다.[24] 다윈은 속 시원한 대답을 얻지 못했다.

---

20 다윈이 질문한 항목과 허버트가 대답한 내용은 부록 4에 있다.

21 다윈, 찰스(신현철 역주). 2019. 종의 기원 톺아보기. p.94.

22 데스먼드, 에이드리언과 무어, 제임스(김명주 역). 2012. 다윈 평전. pp.487-488.

23 백리향속(*Thymus*) 식물들을 지칭하나, 특히 타임(*Thymus vulgaris*)만을 지칭해서 부르는 이름이기도 하다.

24 https://www.darwinproject.ac.uk/letter/DCP-LETT-610.xml

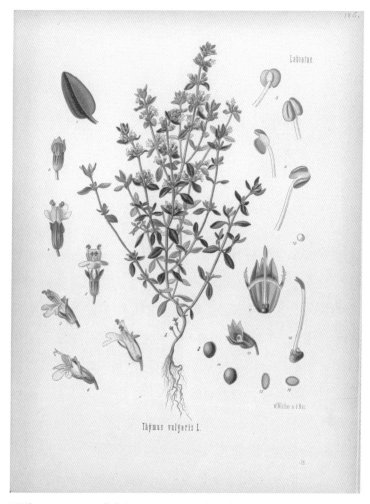

타임(*Thymus vulgaris*). 『퀼러의 약용식물』 1권(1887)에 수록된 그림

4

◇◇◇◇◇◇

식물을 주제로 글을 쓰기 시작하다

다윈이 드디어 나섰다. 스스로 식물을 탐구하기 시작했다. 다른 사람에게 물어보지 않고 스스로 관찰하고, 관찰한 결과에 대한 자신의 생각을 글로 쓰기 시작한 것이다. 1843년에 일어난 식물학사의 커다란 사건이다. 다윈은 비글호 탐험을 끝내고 영국으로 되돌아온 1836년부터 다양한 주제로 글도 쓰고 논문도 썼다. 그러나 이러한 글의 주제는 지질이나 동물이었을 뿐 식물과 관련된 내용은 단 하나도 쓰지 않았다. 그러다 드디어 식물을 주제로 글을 쓴 것이다. 어릴 적 친구와 학문적인 대화를 시작했다. 너는 왜 그렇게 생겼니? 너는 어떻게 그렇게 발달했을까? "질문과 실험" 공책에 있는 내용들을 정리해보려고 한 것이었을까?

다윈의 식물들

다윈이 1843년에 발표한 글은 식물에서 발견되는 겹꽃의 기원과 관련된 내용으로, 2쪽 분량의 짧은 글이 『정원사 신문』에 실렸다. 그런데 이 글에 앞서, 다윈은 "질문과 실험" 공책을 쓰면서 겹꽃을 6번이나 언급했다. 아마도 이 글은 자신이 던졌던 겹꽃과 관련된 질문에 대한 풀이로 보이는데, 공책에 언급된 내용은 다음과 같다.

2쪽 앞면. 9. 겹꽃으로 되는 식물은 항상 암수한몸이 될까? 하나의 성은 유지하되 다른 하나의 성을 잃게 되면 어떻게 될까? 일반적으로 어떤 성이 먼저 사라질까? 등등

2쪽 앞면. 10. 헨슬로는 반쯤 겹으로 만들어진 꽃들은 수술이 기형이라고 말했다. 그렇다면 씨앗은 대체 어떻게 만들어질까?

5쪽 뒷면. 겹꽃의 꽃가루를 관찰하고 홑꽃의 꽃가루와 비교하자. 그리고 쾰로이터(Joseph Gottlieb Kölreuter, 1733~1806)가 설명한 것처럼 꽃가루에 활력이 있는지 없는지를 조사해 보자.

6쪽. 식물과 관련된 질문들. 9. 금어초(나는 한 종류의 기형을 본 적이 있다.), 디기탈리스와 같은 식물들을 매우 기름진 땅에 놔두자. 이들은 겹꽃을 거의 만들지 않는데, 무엇이 이런 결과를 만들까?

6쪽. 식물과 관련된 질문들. 10. 데이지와 개쑥갓 그리고 카네이션은 얼마나 많은 세대가 지나야 겹꽃으로 될까? 겹꽃을

만든 미나리아재비속(*Ranunculus*) 식물도 있다.

11쪽. 노새의 경우 어느 쪽 성이 나타나지 않는가? 아마도 이차 성징과 연동되어 있을 것이다. 겹꽃의 경우에는 어떨까?

참으로 많은 질문을 던졌다. 그런데 질문들을 살펴보면 크게 두 가지 주제로 요약할 수 있다. 하나는 겹꽃이라는 변이가 만들어졌을 때 생식가능성과 관련된 문제이며, 다른 하나는 겹꽃이라는 변이를 만드는 원인이다. 겹꽃이라는 변이가 어떤 개체에서 만들어졌을 때 그 개체가 정상적인 꽃가루를 만들어 씨앗을 만들 수 있는가, 그리고 겹꽃을 만드는 원인이 흙일까라는 질문인 것이다. 다윈이 「겹꽃의 기원」에서 내린 결론을 요약하면 다음과 같다.

수술이나 암술이 꽃잎으로 변형되면서 겹꽃이 만들어지며, 암술이 변할 경우 수술은 정상적으로 남아 있는데, 암술이 수술보다 먼저 변할 수 있다. 또한 때로는 꽃잎이 수술로 변하기도 한다. 이러한 변형은 식물의 성장 초기 단계에서 결정된다. 식물이 자라는 환경이 식물의 성장에 영향을 줄 수 있는데, 빈약한 토양에서 자라는 식물에서 겹꽃이 만들어지는 경향이 있다. 마지막으로 겹꽃으로 만들어질 경우 식물의 생식가능성이 현저하게 떨어진다.[25]

---

25 「겹꽃의 기원」 전문은 부록 2에 번역되어 있다.

다윈은 스스로 질문을 하고, 스스로 답을 했다. 기름진 흙에서도 겹꽃이 많이 만들어지므로 다윈의 설명에 문제가 있다는 언급도 있다. 하지만 다윈은 식물에서 발견되는 변이를 여기에서는 겹꽃의 원인이 흙일 것이라고 가정했고, 변이가 나타남에 따라 생식가능성은 떨어지는 경향이 있다고 설명하고 있다. 다윈은 생물의 진화에 있어 그 무엇보다도 중요한 것이 변이라고 했다. 생물 개체들마다 서로 다른데, 즉 개체변이가 있으며 그에 따라 개체들이 모두 자신의 삶을 영위하려고 치열하게 몸부림칠 수밖에 없었고, 몸부림치는 과정에서 서로 다른 방향을 찾아 생물이 진화했다고 설명하고 있다. 단지 왜 공장에서 찍어내듯이 자손들이 똑같지 않고 서로 다르게 되는지 그 이유를 다윈이 알지 못했을 뿐이다. 원인은 알지 못해도 변이의 결과로 일부 개체는 생식이 불가능해진다고 생각한 것이다.

오늘날에는 꽃이라는 기관을 이루는 네 부분, 즉 꽃받침, 꽃잎, 수술 그리고 암술이 만들어지는 현상을 ABC 유전자 모델로 설명하고 있다. 꽃받침은 A 유전자가 단독으로 발현하면 만들어지며, 꽃잎은 A와 B 유전자가 동시에 발현할 때, 수술은 B와 C 유전자가 동시에 발현할 때, 그리고 암술은 C 유전자가 단독으로 발현할 때 만들어지는 것으로 설명하고 있다. 실제로 어떤 꽃에서 A 유전자가 발현하지 못하도록 하면, 이 꽃에서는 수술과 암술만 만들어지고, B 유전자가 발현하지 못하도록 하면 꽃받침과 암술만 만들어지며, C 유전자가 발현하지 못하도록 하면 꽃받침과 꽃잎만이 만들어지고 있다. 하지만 다윈 시대에는 유전자라는 개념도 알려지지 않았고, 유전에 대한 정확한 원리도 몰랐다. 따라서 다윈의 설명은 오늘날 관점에서는 미흡하지만, 그 당시에 겹꽃이라는 변이를 만드는 원리를 파악하려는 노력으로 평가해야만 할 것이다.

5

◇◇◇◇◇◇

드디어 자신을 도와줄 사람, 후커를 만나다

다윈이 "질문과 실험" 공책을 쓰면서, 「겹꽃의 기원」에 대한 글도 썼고, 다음해인 1844년에는 거름주기와 씨앗을 물에 담가 두는 것, 그리고 다양한 변이를 보이는 잎과 관련된 글 두 편도 발표했다. 거리를 두었던 오래된 친구 식물을 다시 만나려고 노력하는 중에, 해군 군의관이자 식물학자인 조지프 후커의 소식을 들었다. 그는 큐 왕립식물원 원장 윌리엄 후커의 아들로, 그당시 로스 함장과 함께 남극을 탐험하고 있었다. 다윈은 조지프 후커가 귀국하면 "티에라델푸에고와 파타고니아 남부 고산의 식물상을 아주 잘 보여주는 자신의 채집물을 그가 사용할 수 있도록 기꺼이 건네겠다"라는 내용으로 1843년 3월 12일 윌리엄 후커에게 편지를 보냈다. 다윈이 비글호 탐험을 하면서 채집했던 식물표본 일부를 먼저 헨슬로를 통해 윌리엄 후커에게 보낸

적이 있었는데, 나머지 식물표본도 아들 후커에게 보내겠다는
자신의 의사를 전달한 것이다.

조지프 후커는 1817년 6월 30일 태어나, 다윈보다는 8살 나
이가 적다. 그는 1839년에 글래스고 대학교를 졸업하고, 그해
9월부터 1843년 9월까지 영국 군함 에러버스호를 타고 남극대
륙을 탐험했다. 후커가 남극 일대를 탐험하고 있음을 알고 있는
다윈이 아버지 윌리엄 후커에게 먼저 연락을 한 것이다. 그런데
후커가 에러버스호 탐험을 떠나기 며칠 전에 런던 트래펄가 광
장에서 후커와 다윈은 잠시 만난 적이 있었다. 후커가 에러버스
호의 승무원으로 탑승할 예정이었던 매코믹(Robert McCormick,
1800~1890)과 함께 지나갈 때 다윈을 만났다.[26] 매코믹은 다윈이
승선했던 비글호의 공식 자연사학자였으나, 브라질에서 개인
적인 이유로 하선했던 사람이다. 다윈을 잘 알고 있었기에, 매
코믹은 후커를 다윈에게 소개했던 것이다. 그래서 탐험 후 후커
는 다윈을 다시 만났으며, 다윈이 채집했던 식물표본들을 조사
해달라는 제안을 받아들였다. 다윈의 식물표본을 검토한 후커
는 꽃 피는 식물들이 대체로 "섬마다 고유하다"라고 확인해주었
다.[27] 식물이 고유하다는 것은 전 세계 다른 곳에서는 자라지 않
고 다윈이 조사한 갈라파고스 제도의 특정 섬에서만 자람을 의

---

26 Huxley, L. 1918. Life and Letters of Sir Joseph Dalton Hooker. p.487.
27 데스먼드, 에이드리언과 무어, 제임스(김명주 역). 2012. 다윈 평전. p.551.

다윈의 식물들

영국의 식물학자이자 탐험가 조지프 달튼 후커(Sir Joseph Dalton Hooker). 찰스 다윈
의 가장 친한 친구로 다윈의 진화론을 공개 지지한 최초의 인물이었다. 남극, 히말라야,
인도 등을 탐험했으며 아버지의 뒤를 이어 큐 왕립식물원의 원장으로 20년간 재직했다.

미한다. 어떻게 이런 일이 가능할까? 모든 것이 창조되었다고 믿고 있던 시절에, 특정 섬에서만 자라는 식물이 어떻게 존재할 수 있단 말인가? 결국 『비글호 탐험기』 2판에서 갈라파고스 제도의 식물 부분은 후커의 검토 결과를 토대로 초판과는 완전히 다르게 바뀌었다.

그런데 후커는 왜 이렇게 순순히 다윈의 제안을 받아들였을까? 다윈이 누구이고 어떤 일을 했는지 알고 있었을까? 후커는 에러버스호 탐험이 시작되기 전에, 정확한 일자는 확인되지 않았지만, 지질학자인 라이엘의 아버지이자 식물학자였던 라이엘(Charles Lyell, 1767~1849)로부터(아버지와 아들의 이름이 똑같다) 다윈이 『비글호 탐험기』의 교정을 보려고 인쇄한 교정쇄를 받았다. 다윈이 교정쇄를 지질학자 라이엘에게 보냈는데, 그가 아버지 라이엘에게 보여주었고, 아버지 라이엘이 1839년 봄에 탐험을 떠나려고 준비하고 있던 후커에게 보낸 것이다.[28] 그러나 후커는 그때 졸업을 앞두고 의학 공부 때문에 바빠서, 교정쇄를 제대로 보지 못하다가, 에러버스호 탐험 중에 보기 시작했다. 후커는 탐험 중에 『비글호 탐험기』를 베개 밑에 넣어두고 읽었다.[29] 그는 이 책이 "나에게 깊은 감명을 주었고, 다윈의 발자취를 따르려 하는 자연사학자에게 필요한 지식, 정신력과 건강 상태, 다

---

28 Huxley, L. 1918. Life and Letters of Sir Joseph Dalton Hooker. p.487.
29 『비글호 탐험기』가 출간되자 아버지 라이엘이 제본된 책을 후커에게 보냈고, 후커는 이 책도 읽었다.

다윈의 식물들

양한 지식이 나에게는 없다고 절망적으로 말하게 만들었으며, 여행하고 관찰하고자 하는 내 열망을 자극했다"[30]라고 회고했다. 다윈에게 훔볼트가 있었다면, 후커에게는 다윈이 있었던 것이다.

후커가 귀국하자 그해 11월에 다윈은 그에게 편지를 보냈다. 다윈은 이 편지에서 후커가 무사히 귀국해서 축하하나, 자신이 런던을 자주 가지 않아 당장은 만날 수가 없을 것이라고 의례적인 인사를 하면서, 비글호 탐험을 하면서 많은 식물을 채집했는데 자신은 식물학에 대해 무지하므로 채집한 표본들을 후커에게 보내겠다는 내용을 골자로 썼다. 후커도 11월 28일 다윈에게 여러 이야기를 하면서 다윈이 채집한 갈라파고스 제도의 식물에는 흥미가 있다고 답장을 했다. 다윈은 식물학에 대해서 잘 몰랐기에 자신이 채집한 식물표본을 정리해줄 사람을 찾아야만 했으나, 찾지 못하고 있던 상황에서 헨슬로를 통해 윌리엄 후커라는 사람의 존재를 알게 되었다. 아들 후커는 학계에서 자리를 잡을 때까지 누군가의 도움이 절실한 상태였고, 자신도 탐험에서 채집한 표본들을 정리할 때 다윈의 표본이 도움이 될 것이라고 생각했다. 그렇기에, 두 사람은 의기투합해서 어떤 문제를 풀어보자고 한 것이다. 이 편지를 주고받은 이후, 1882년 다윈이 죽을 때까지 40년 동안 다윈과 후커는 1,400여 통에

---

30 Huxley, L. 같은 책. p.488.

달하는 편지를 주고받았다.

후커는 다윈의 표본을 받았고, 1843년 12월 12일에서 1844년 1월 11일 사이에 보낸 답장에서 "갈라파고스에서 채집된 식물표본들은 제가 생각했던 것보다 훨씬 더 많은 종들로 이루어져 있으며, 이 제도의 아주 훌륭한 식물상 연구의 기초가 될 것입니다. 헨슬로 선생님께서는 당신의 표본과 완전히 다른 맥레이(James McRae, ?~1830)의 표본들도 보내주셨습니다. 저는 당신이 쓴 탐험기에 있는 섬들에서 자라는 식물들 사이의 엄청난 차이, 즉 가장 놀라운 사실을 상세히 관찰할 준비를 했습니다. 이 사실은 종들이 한 중심지에서 방사상으로 퍼져나갔고, 또한 엄청난 발달이 일어났던 한 장소로부터 어느 정도 먼 곳까지 이동했다는 우리의 선입견을 완전히 뒤집는 것"이라고 갈라파고스 제도의 식물을 평가했다. 다윈이 갈라파고스 제도에서 채집한 식물표본들이 지닌 진화론적 의미를 후커가 단번에 파악했던 것이다. 후커는 그때까지 지구상에 존재하는 생물들은 창조의 중심지에서 만들어져 먼 곳까지 이동했다고 믿고 있던 선입견을 다윈이 채집한 표본들로 뒤집어엎을 수 있을 것이라고 생각한 것이다. 다윈으로 하여금 생물이 진화한다는 사고를 확실하게 믿게 만들어주는 편지였다.

후커는 다윈 이전에 갈라파고스 제도에서 식물을 채집했던 멘지스(Archibald Menzies, 1754~1842), 더글러스(David Douglas,

다윈의 식물들

1799~1834)와 스쿨러(John Scouler, 1804~1871), 맥레이 등의 표본들도 조사한 다음(Porter, 1980), 1847년 『린네학회 보고서』에 「신종으로 기재된 식물들을 포함한 갈라파고스 제도의 식물 목록」이라는 논문을 발표했다. 이 논문에서 후커는 227종의 고등 식물 목록을 발표했는데, 이 가운데 108종을 신종, 즉 그 당시까지 학계에 보고되지 않은 종으로 기재했다. 특히 이 신종 가운데 91종은 다윈이 채집한 표본을 근거로 기재되었다. 후커가 발표한 식물 목록에 도움을 준 다윈의 채집물은 80% 이상이며, 이 채집물은 현재까지 알려진 갈라파고스 제도에서 자라는 식물의 24%에 달한다(Stocklin, 2009). 갈라파고스 제도를 이루는 섬들을 모두 방문해서 채집했더라면 좋았겠지만, 다윈은 4곳만을 방문해서 이 정도 성과를 만들어냈다. 다윈은 1845년 7월 11일과 12일 사이에 후커에게 쓴 편지에서 "나는 자네의 검토 결과에 얼마나 기쁘고 놀랐는지 이루 다 말할 수 없다네. 검토 결과는 내가 항상 두려워했던 점, 즉 서로 다른 섬마다 서로 다른 동물[31]들이 살아간다는 내 주장을 얼마나 훌륭하게 지지하는지 모르겠다네"라고 후커의 연구 성과를 칭찬했다.

이 논문이 발표되기 전에 다윈은 후커로부터 검토 결과를 미리 받았고, 이를 토대로 『비글호 탐험기』 2판에서 갈라파고스

---

31 다윈은 이 편지에서 이 문장의 앞쪽에 "맨 처음, 나는 갈라파고스 제도의 식물에 대해 몇 가지를 질문을 했었네"라고 썼다. 그럼에도 이 부분에서는 동물이라고 쓰고 있어, 식물을 동물로 오기한 것으로 추정된다.

제도의 식물 부분을 대폭 수정했다. 다윈은 1843년 11월 후커에게 편지를 보내면서 자신을 "식물학적으로 무지한 사람"이라고 낮춰 말했지만, 사실은 식물과 관련된 많은 질문과 실험을 계획했던 사람이었다. 단지 식물을 구분하고 학명을 부여하는 일은 오늘날에는 동정이라고 하여 분류학이란 학문에서는 필수적으로 요구하는 과정인데 잘하지 못했던 것이다. 이런 자신의 단점을 다윈 스스로도 잘 알고 있었다. 다윈이 후커와 만난 지 한참 뒤인 1855년 6월 5일 후커에게 보낸 편지에서 "식물의 이름을 부르는 것이 이렇게나 끔찍하게 어려운 일이었나?"라고 의아해함과 동시에 "내가 방금 처음으로 벼과 식물의 이름을 찾았다네. 만세! 만세! 이번에는 아주 운이 좋았지만, 이런 운도 찾기 아주 쉬운 향기풀(*Anthoxanthum odoratum*)[32]이었기 때문에 가능했다고 고백해야겠지. 그럼에도 불구하고 이것은 위대한 발전일 것이야. 내가 평생 동안 벼과 식물의 이름을 찾을 것이라고는 절대 기대하지 않았다네. 그래서 다시 한번 만세를 부른다네"라고 스스로를 다독거렸다. 식물 동정에서 어렵기로 소문난 벼과(Poaceae) 식물의 이름을 혼자 찾아내어 좋아했던 것이다. 갈라파고스 제도의 식물에 대해 두렵다고까지[33] 했던 다윈이었다. 그래서 갈라파고스 제도에서 채집한 식물표본을 동정하는 작업을 후커에게 부탁했고, 후커가 깔끔하게 마무리해주었던

---

32 유럽 원산으로 목초 자원으로 많이 심는 식물이다.

33 데스먼드, 에이드리언과 무어, 제임스(김명주 역). 2012. 다윈 평전. p.346.

VELLUGTENDE GULAKS, ANTHOXANTHUM ODORATUM.

향기풀(*Anthoxanthum odoratum*).『북유럽 식물상 그림』 2권(1917)에 수록된 그림

II 부 식물과 멀어질 수밖에 없었던 다윈(1836~1857)   95

것이다. 이로써 다윈은 식물과 관련된 질문과 실험에 매진할 수 있었다.

후커와 다윈과의 직접적인 만남은 1844년 7월에 이루어졌다. 다윈이 부인 엠마와 함께 런던에 있는 큐 왕립식물원을 방문해서 후커를 만난 것이다. 이후 후커는 다윈의 열렬한 후원자로서 식물뿐만 아니라 여러 가지 면에서 다윈을 도와주고 지지해주었다.

다윈의 식물들

6

◇◇◇◇◇◇

식물과 또 거리를 두게 되다

다윈은 1843년과 1844년에 식물과 관련된 글을 잇달아 발표했다. 그리고 후커의 도움을 받아 『비글호 탐험기』 2판에서 갈라파고스 제도의 식물 부분을 대폭 수정했다. 식물 연구에 날개를 단 느낌이었을 것이다. 그러나 후커가 프랑스 식물학자 제라르(Frédéric Gérard, 1806~1857)가 쓴 『조직화된 생물종에 관하여』를 읽고 나서 1845년 9월 4일에서 9일 사이에 써서 자신에게 보낸 편지로 인하여 기분이 상했다. 후커는 편지에서 "벤담(George Bentham, 1800~1884), 브라운(Robert Brown, 1773~1858), 린네(Carl Linnaeus, 1707~1778), 드켄(Joseph Decaisne, 1807~1882) 그리고 미켈(Friedrich Anton Wilhelm Miquel, 1811~1871) 등처럼 자신의 손으로 많은 종들을 관찰한 사람만이 자연계에 있는 종의 타당성을 논의할 수 있을 것이라고 저는 믿습니다. 이들은 모두 두드러진 형질들이 중요하지 않다는 점에 주목했는데, 지나치게 좁은 지역 식물상을 연구한 편협한 연구자들은 이 형질들을 오히려 중요한 것으로 간주하고 있습니다"라고 평가했다. 다윈의 폐부를 찌른 것이다. 다윈은 수많은 동식물을 관찰하고 조사했지만, 분류를 위해 한 생물군을 대상으로 상세하게 연구한 경험은 없었던지라, 마치 이를 두고 후커가 "당신은 그런 연구도 하지 않았는데 어떻게 종의 기원을 규명하려고 하는가"라는 질문을 던진 것으로 받아들였다.

이에 대해 다윈은 9월 10일 보낸 답장에서 "많은 종들을 세세하게 기재하지 않은 사람은 종이라는 문제를 검토할 권리가 없다는 자네의 주장이 나에게는 매우 아프지만 사실"이며 자신이 그런 일을 하지 않았음을 인정하면서도 "비록 내가 반 페니[34]보다 더 많이 차이겠지만,[35] 나는 자연사의 여러 분야에 발을 담가 내가 연구하는 분야에서 좋은 사람들을 만났으므로 이 일을 계속하려고 한다"라고 후커의 문제 제기에 자신의 생각을 밝혔다. 이에 대해 후커는 다시 9월 15일에 다윈에게 편지를 보내면서, "선생님께서 종이라는 문제를 해결해 보지 않았기에 판단할

---

34 페니는 영국의 화폐 단위로, 영국에서는 1/100파운드이다. 오늘날(2023년 6월 기준) 1페니는 환율상 16원 정도의 가치가 있다. 19세기 영국 물가를 기준으로 보면, 맥주 1파인트(약 0.6리터)는 2.5페니 정도였다.

35 어떤 일을 했을 때 받는 보상보다 더 가혹한 대우를 받는다는 뜻이다. 본래 의미는 'get more kicks than half pennies'로서 길거리 공연 원숭이들이 행인들에게서 반 페니를 얻기 위해 주인에게 발길질 당하는 것을 뜻한다.

수 없다고 제가 빗대어 말하고 있다고 생각하지는 말아주세요. 선생님만의 판단력으로 채집했는데, 이는 바로 종이라는 문제를 해결하려고 한 것입니다. 저는 어떤 주제를 완전하게 다루기 위해서는 전 세계적으로 또는 엄청나게 많은 지역에서 자라는 수백 종을 구분할 수 있는 관점을 가지고 이들을 다루어야 한다는 점을 말씀드린 것입니다. 선생님께서 힘써 일한 것으로 아주 충분합니다"라고 다윈을 격려했다. 다윈이 비록 특정 생물만을 따로 연구한 적은 없지만, 남아메리카에 분포하는 다양한 생물들을 연구했음을 인정하는 후커의 진심이 아니겠는가. 솔직한 의견 교환으로 다윈과 후커는 서로를 자극했을 것이며 또한 즐거움도 얻었을 것이다.

다윈이 후커의 진심을 알았다고 하더라도 자신이 종에 대하여 지나치게 이론적으로 치우치는 경향이 있다고 생각하게 되었다.[36] 그리고 만일 수많은 표본을 다루며 지루하면서도 기다란 종속지를 써내는 표본관에 근무하는 연구자들만이 위대한 종의 문제를 이야기할 자격이 있다면, 자신도 그 권리를 따내고 말겠다고 다윈은 어느 때보다 심각하게 마음을 먹었다. 종속지는 연구 대상인 생물 한 종 한 종이 어떻게 생겼고 종과 종이 어떻게 구분되며 종 하나하나가 어디에 분포하는지 또는 어디에서 살아가는지를 상세하게 설명하는, 즉 기재하고 분류하는 논문이

---

36 데스먼드, 에이드리언과 무어, 제임스(김명주 역). 2012. 다윈 평전. p.572.

다. 따라서 종속지는 다른 논문에 비해 분량도 많아 작성하기에 도 읽기에도 힘이 드는 논문이다. 이런 논문을 써야만 종의 문제를 이야기할 자격이 있다면 자신도 써보겠다고 한 것이다. 그래서 그때까지 기재하고 있던 따개비를 머릿속으로 떠올렸다. 따개비는 다윈이 비글호 탐험을 하면서 채집했고, 귀국한 이후부터 지금껏 계속해서 종 하나하나를 기재하고 있던 생물이었다.

다윈은 언제 끝날지는 하늘만이 아는 너무나 힘든 일에 푹 빠졌다.[37] 이러는 와중에 아버지의 죽음을 겪었고, 사랑하는 첫째 딸 애니와도 영원히 이별했다. 자신도 원인 모를 유전병에 시달려 수시로 고통을 겪어야만 했고, 몇 달씩 치료에만 매달리기도 했다. 그럼에도 다윈은 1851년에 자신의 몸을 지탱하는 자루가 있는 유병성 따개비류의 현존하는 종류들과 화석으로 발견되는 종류들의 종속지를 각각 책으로 발간했으며, 1854년에는 자신의 몸을 지탱하는 자루가 없어 몸 전체가 바위 표면에 달라붙어 살아가는 무병성 따개비류의 현존하는 종류들과 화석으로 발견되는 종류들의 종속지도 발간했다.

후커의 진심을 받아들여 생물들을 분류하는 일, 즉 따개비의 종속지 연구를 하면서 다윈은 "일찍 아침을 먹고, 우편물이 도착할 때까지 따개비를 조사하고, 우편물을 살펴본 다음 다시

37 데스먼드, 에이드리언과 무어, 제임스(김명주 역). 2012. 다윈 평전. p.623.

따개비를 좀 더 조사하고, 활기차게 산책을 하고 점심을 먹었다. 그리고 책을 읽고 편지를 쓰고 낮잠을 자며 잠시 쉬었다가, 다시 따개비를 살펴보고 차를 한 잔 마시는"[38] 생활을 반복했다. 다윈은 1846년부터 1853년까지 8년에 걸쳐 따개비 연구를 하면서 종들이 항상 변하고 있다는 사실을 직시했고, 종의 한계 설정이라는 문제에 대해 이해하게 되었다. 무엇보다도 후커가 지적했던 문제를 극복하고 종에 관해 말할 수 있는 자격 또는 권리를 얻게 되었으며, 동물학 전문가로 우뚝 서게 되었다.[39] 그러나 다윈과 식물 사이의 거리는 점점 멀어져만 갔다. 다윈은 1844년에 식물과 관련된 두 편의 글을 발표한 이후, 식물과 관련된 글은 1855년이 될 때까지 전혀 발표하지 않았다.

그러다가 1855년 후커에게 편지를 보내면서 식물 동정이 어렵다고 토로했다. 하지만 다윈은 그해에 자신의 집 주변에 있는 풀밭을 조사해서 142종류의 식물이 자라고 있음을 확인했다고 종의 기원을 규명하려고 썼던 미발표 원고에 기록했다.[40] 다윈이 특정한 동물이 지니고 있는 변이만을 조사한 것이 아니라, 특정 지역을 대상으로 식물의 다양성도 조사한 것이다. 그리고 이 풀밭에서 살아가는 식물들은 여러 종류의 다른 식물들과 나란히 같이 살고 있었는데, 이들 사이에서 경쟁이 일어나지 않도록 새

---

38 데스먼드, 에이드리언과 무어, 제임스. 같은 책. p.658.
39 데스먼드, 에이드리언과 무어, 제임스. 같은 책. p.680.
40 Stauffer, R.C.(ed.) 1975. Charles Darwin's Natural Selection. p.230.

싹이 나오는 장소나 시기를 달리하여 조금씩 서로 다른 환경에 적응해서 살아가고 있다는 점도 발견했다.[41] 즉, 가시떨기나무를 뽑은 자리에는 씨앗을 뿌리지 않아도 노란색 꽃을 피우는 들갓 (*Sinapis arvensis*)이 자라지만, 이들이 자라고 있는 곳에서는 들갓이 자라지 않는다는 점을 확인한 것이다.[42] 가시떨기나무와 들갓이 자라는 장소를 달리하고 있었으며, 들갓의 씨앗은 땅속에 존재해 있다가 주변 상황에 따라 싹을 틔우는 것으로 여겨졌다. 결국 생물들이 경쟁을 피하고 서로서로 살아가려고 자신들에게 필요한 자원을 효율적으로 배분하고 있다고 다윈이 생각한 것이다. 이러한 현상을 다윈은 분업이라고 불렀으나, 오늘날에는 특정 지역에서 살아가는 생물들이 서로서로 생태적 지위가 겹치지 않도록 몸부림치기에 이 지역의 다양성이 유지되는 것으로 간주하고 있다. 그렇지만 이들이 서로 경쟁한다면, 경쟁에서 이긴 생물만이 살아남을 것이며, 그에 따라 다양성은 현저하게 떨어질 것이다.

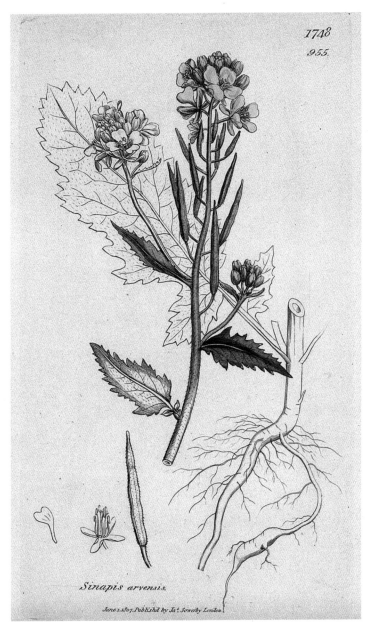

들갓(*Sinapis arvensis*). J. 소워비의 1807년 그림

7

◇◇◇◇◇◇

식물 때문에 후커와 논쟁하다

후커의 지적에 자존심이 상한 다윈이 무려 8년에 걸쳐 따개비 연구를 마쳤다. 그런데 후커는 다윈에게 상처를 준 다음해인 1846년에도 다윈에게 치명적일 수 있는 또 다른 반론을 제기했다. 후커는 1839년부터 1843년까지 에러버스호를 타고 크로제 제도, 케르겔렌 제도 그리고 매리언섬 등과 같이 남극대륙에 가까이 위치한 섬들을 조사하면서, 이들 지역에서 남아메리카에서도 서식하는 식물들을 발견했다. 그래서 후커는 이 식물들이 아마도 이 제도들과 남아메리카 사이에, 지금은 사라져서 보이지 않지만, 중간 다리 역할을 하는 대륙이 존재해서 이 대륙을 징검다리 삼아 이동했을 것으로 추정된다고 당시로부터 30여 년이 지난 1879년에 발표한 논문에서 주장했다. 그런데 이러한 가설을 에러버스호 탐험을 하던 1840년대부터 이미 생각

다윈의 식물들

했다고 후커가 언급한 것이다(Hooker, 1847b). 1846년 3월 25일 이러한 자신의 생각을 다윈에게 편지를 보내면서 "저는 최근에 포브스(Edward Forbes, 1815~1854)가 던진 식물학과 관련된 질문을 좀 더 신중하게 분석하고 있습니다. (중략) 제 믿음은 그가 제기한 사실들과 주장을 고려해서 약해진 것이 아니라, 북대서양의 섬들과 대영제국 서부 지역에 있는 식물상을 독자적으로 조사한 결과"에 근거를 두었다고 언급했다.

영국의 자연사학자 포브스가 1846년에 "해양에 있는 섬들이 지금은 바다 밑으로 가라앉은 초대륙으로 최근 빙하기에 서로 연결되어 있었다"라고 주장했다. 한때 이러한 주장은 현재는 격리되어 있는 섬들과 대륙에서 같은 종류의 생물이 분포하는 이유를 그럴듯하게 설명하는 것으로 받아들여졌다. 그런데 후커가 이러한 주장을 수용한 것이다. 심지어 후커는 티에라델푸에고에는 태즈메이니아(Tasmania)나 오스트레일리아와 남아프리카 사이의 한가운데 있는 외딴 섬인 케르겔렌 제도에서 자라는 것과 똑같은 식물들이 자라고 있는데, 이러한 유사성은 생물이 자연스럽게 이동했다는 결과만으로는 설명할 수 없고 이 지역들이 초대륙으로 연결되어 있었기에 가능한 현상이라고 주장한 것이다.[43]

---

43 데스먼드, 에이드리언과 무어, 제임스(김명주 역). 2012. 다윈 평전. p.702.

이러한 생각을 지니고 있는 후커에게 다윈은 1847년이 되면서 자신이 1844년에 완성했던 진화와 관련된 원고[44]를 검토해 달라고 부탁했으며, 이를 검토한 후커는 식물이 씨앗과 식물체 형태로 바람과 파도에 의해 자연적으로 섬으로 퍼져나갔다는 부분을 비판했다. 태즈메이니아와 티에라델푸에고처럼 지구 반대편에 위치한 지역에서 똑같은 저산지성 식물이 자라고 있는데, 자연적인 이주로 이처럼 놀라운 분포를 어떻게 설명할 수 있겠느냐는 비판이었다.[45] 약 8,600km 떨어진 이 두 지역 사이를 어떻게 식물의 씨앗이나 식물체가 바닷물이라는 조건에서 이동할 수 있겠는가라는 질문일 것이다. 또한 후커는 식물이 분산이 가능할 정도로 많은 씨앗을 만들지도 않고 약한 생명력과 잘 부서지는 껍질로 된 씨앗이 바다를 건너서 살아남기도 힘들며, 씨앗들이 오랫동안 차가운 바닷물에 떠다닌 다음에는 씨앗에서 싹이 나오는 일이 거의 일어나지 않을 것이라고 생각했다.[46] 결정적으로 후커는 1847년 6월 16일 다윈에게 편지를 보내면서 뉴질랜드와 티에라델푸에고의 식물 중에는 "운반이 가능한 종이나 목[47]에 속하는 식물이 없을뿐더러 어떠한 운반 수단도 없는 것 같다"라고 단정해버렸다.

---

44 이 원고는 다윈 생전에는 출판되지 않았으나, 다윈 사후 1909년에 이 원고 이전인 1842년에 작성된 원고와 함께 케임브리지 대학교 출판사에서 출판했다. 출판되면서 "1844년 논문(Essay of 1844)"이라는 제목이 붙었다(Darwin, 1909).

45 데스먼드, 에이드리언과 무어, 제임스(김명주 역). 2012. 다윈 평전. pp.584-585.

46 코스타, 제임스(박선영 역). 2019. 다윈의 실험실. pp.255-256.

47 종-속-과-목-강-문-계로 이어지는 분류계급의 하나이다.

다윈의 식물들

하지만 다윈은 갈라파고스 제도의 식물을 연구하던 1837년 3월에 이미 섬으로 이주한 생물들이 원래 형태에서 어떤 식으로든 바뀌었으며, 이처럼 바뀜으로 인해 일련의 새로운 종이 생겨났을 것이라는 점을 인식하고 있었고,[48] 9월부터는 생물이 새로운 종으로 만들어지기 시작하는 데 필요한 이주, 즉 생물이 어떻게 섬으로 실려 왔는가라는 문제에 집중하고 있었다.[49] 또한 이런 생각을 뒷받침하려고 다윈은 헨슬로가 무엇보다도 먼저 갈라파고스 제도의 각 섬에서 (같이 이주해 온 생물들의 후손들로 흔히 '대표종'이라고 부르는) 거의 비슷하지만 서로 다른 종들을 찾아주기를 바랐다.[50] 아마도 같은 속에 속하며 아주 비슷하게 생겼지만 섬마다 서로 다른, 즉 섬을 대표하는 종들을 찾고자 했던 것이다. 만일 찾게 된다면, 같은 속에 속하는 식물이 섬마다 어떻게 다를 수 있을까라는 질문을 던질 수 있을 것이며, 아마도 종이 진화한 결과라는 답으로 나왔을 것이다.

그러나 헨슬로는 답을 하지 않았고, 그 답을 윌리엄 후커에게 얻고자 했으나 역시 얻지 못했다. 대신 갈라파고스 제도에는 각 섬마다 고유한 식물들이 자라고 있다는 사실을 조지프 후커의 검토 결과로 알게 되었다. 조지프 후커의 검토 결과를 토대로 1845년에 발간한 『비글호 탐험기』 2판에서 다윈은 자신

---

48 데스먼드, 에이드리언과 무어, 제임스. 같은 책. p.371.
49 데스먼드, 에이드리언과 무어, 제임스. 같은 책. p.390.
50 데스먼드, 에이드리언과 무어, 제임스. 같은 책. pp.378-379.

의 생각을 "자연사 관점에서 보면 이 제도는 확실하게 호기심을 끌며, 매우 주목할 만한 가치가 있다. 생물의 대부분이 다른 곳에서는 발견할 수 없는 토종들인데, 심지어 섬마다 살아가는 정착생물들 사이에서도 차이를 보였다. 또한 모든 생물들이 확 트여 있는 바다를 사이에 두고 800~1,000km 정도 떨어져 있는 아메리카 생물들과 뚜렷한 유연관계를 보여준다. (중략) 분화구로 만들어진 산 하나하나와 용암이 흘렀던 경계 대부분이 여전히 뚜렷한 것을 보면, 지질학적으로 최근에, 어떤 한 시기에 갈라져 있지 않던 바다가 이곳에서 퍼져나갔다고 우리는 믿게 된다. 따라서 공간적으로나 시간적으로도 우리는 이 땅에서 새로운 생명체의 첫 출현, 즉 수수께끼 중의 수수께끼라는 위대한 사실에 어느 정도 가까워진 것 같다"[51]라고 피력했다. 그리고 다윈은 이 수수께끼를 더 풀어보려고 생물들의 이동 수단이나 방법에 대해 고민하고 실험해보려고 했다. 또한 후커에게도 "최초의 창조 또는 새로운 생물 유형의 생성과 관련하여… 격리는 주요한 요인일 것일세. 따라서… 지질학적으로 최근에 침강해서 섬들로 되었다가 섬들이 다시 재결합한 지역은 많은 생물 유형들을 지니고 있을 것으로 기대한다네"[52]라며 자신이 진화에 대하여 생각하고 있음을 넌지시 암시하기도 했다.

---

51 다윈, 찰스(장순근 역주). 2013. 비글호 항해기. pp.628-629.
52 데스먼드, 에이드리언과 무어, 제임스(김명주 역). 2012. 다윈 평전. p.535.

물론 사라져 버린 아틀란티스 대륙이라는 개념 때문에 다윈은 흔들리기도 했다. "한 종이 살아 있는 동안 그토록 넓은 땅덩어리가 바다 깊숙한 곳으로 가라앉는다는 것은, 엄청나게 과감한 수단"[53]이었을 것이다. 한때 다윈도 길게 줄지어 늘어선 여러 개의 섬들이 생물 이동의 징검다리로 이용될 수도 있다고 생각했다.[54] 그러나 다윈은 가설에 등장하는 대륙을 신이 똑같은 생물을 서로 다른 장소에서 창조했다는, 즉 창조의 복수 중심이라는 또 다른 대안만큼이나 싫어했다.[55] 여러 곳에서 창조되었다면 생물들 사이에 아무런 연관성이 없을 것이나, 다윈은 비글호 탐험을 하면서 멀리 떨어진 지역에서 살아가는 생물들 사이에, 즉 독립적으로 창조된 생물들 사이에 어떤 연관성이 있음을 확인했고, 이러한 연관성 때문에 진화라는 개념을 궁리했기 때문일 것이다. 그런 다윈에게 자신의 든든한 후원자라고 생각했던 후커가 멀리 떨어진 지역에서 비슷한 생물들이 나타나는 현상을, 즉 진화라는 결과를 생물들의 이동으로 설명할 수 없다고 한 것이다. 다윈은 또다시 새로운 실험을 궁리했다. 식물들이 바다를 건너 새로운 땅에서 정착하고 변형될 수 있음을 보여주기로 한 것이다. '진저리나는 씨앗들'[56]과 인공으로 만든 바닷물로 실험을 하고, 자료를 모으기 시작했다.

---

53 데스먼드, 에이드리언과 무어, 제임스. 같은 책. p.555.

54 데스먼드, 에이드리언과 무어, 제임스. 같은 책. p.391.

55 데스먼드, 에이드리언과 무어, 제임스. 같은 책. p.702.

56 데스먼드, 에이드리언과 무어, 제임스. 같은 책. p.739.

다윈과 후커의 논쟁은 아마도 자신들이 탐험했던 곳들이 지질학적으로 서로 다른 원인으로 만들어졌고, 생물들의 이동 수단도 서로 다르기 때문인 것으로 보인다. 후커가 조사했던 케르겔렌 제도와 남아메리카 그리고 오스트레일리아나 뉴질랜드는 남극을 중심으로 삼각형의 꼭짓점에 위치한다. 더군다나 케르겔렌 제도는 지금은 조그만 섬들로 이루어져 있지만 한때는 케르겔렌 해대(Kerguelen Plateau)라고 부르는 거대한 화성암 암석 구로 가라앉은 대륙에 위치하고 있다. 이에 비해 다윈이 조사했던 갈라파고스 제도는 바다에서 분출된 용암이 식어서 만들어진 화산섬이다. 다윈은 『종의 기원』에서 후커가 조사했던 지점들에서 보이는 식물들의 유사성을 빙하가 생물들의 이동에 관여한 것으로 설명했고,[57] 갈라파고스 제도와 남아메리카 대륙 사이의 유사성을 바람과 조류가 식물의 이동에 관여한 것으로 설명했다. 다윈과 후커 모두 섬에서 자라는 식물들로 자신의 주장을 펼치면서 의기투합했으나, 결국은 이 식물들이 두 사람 사이에 논쟁을 불러일으켰다. 논쟁은 다윈으로 하여금 실험을 하도록 유도했다. 다윈은 실험도 하고, 여러 가지 증거들도 확보했다. 어떻게 보면 단순했던 이동 수단에 대한 이해가 부족했던 탓에 다윈과 후커가 논쟁했던 것이다.

---

57 다윈, 찰스(신현철 역주). 2019. 종의 기원 톺아보기. p.496.

다윈의 식물들

8

◇◇◇◇◇◇

식물의 이주에 대한 터무니없는 실험을 시작하다

후커가 또 도전했다. 다윈은 또 응답을 준비했다. 다윈은 당시 사회에서 금기시하던 종의 진화에 대한 문제를 고민하며 마음속으로 금기를 깰 필요가 있다고 여겨 진화와 관련된 책을 쓸 예정이었고, 분야별로 조금씩 쓰고 있었다. 다윈은 책이 출판될 경우, 여러 공격에 대비해서 자신을 지원해 줄 사람들이 필요함을 잘 알고 있었다. 이러한 지원자 중 한 사람이 후커였다. 문제는 후커 이외에도 대서양에 있는 마데이라 제도의 곤충을 연구한 울러스턴도 마데이라 제도가 아프리카까지 연결되는 대륙이라고 상상했다는 점이고, 옛날부터 사람들 입에 오르내리던 아틀란티스 대륙도 실재했던 것으로 사람들이 받아들인다는 점이었다.[58] 다윈

---

58 데스먼드, 에이드리언과 무어, 제임스(김명주 역). 2012. 다윈 평전. p.734.

은 이들을 설득해야만 했다. 아니, 후커가 틀렸음을 입증해야만
했다.

당시에는 동식물을 퍼뜨리는 수단에 대해서 알려진 것이 거
의 없었다. 그럼에도 다윈은 섬마다 다른 생물들이 살고 있는
갈라파고스 제도의 생물들을 설명해야만 했다. 만일 섬과 대륙
이 적어도 수백만 년 동안 지금 있는 자리에서 계속 있었다면,
'어떻게 생물들이 대륙에서 섬으로 이동했을까?'라는 질문에 대
한 답을 찾아야만 했다. 다윈에게는 생물이 이주했다는 증거들
이 필요했다. 그는 증거를 찾기 시작했다. 1855년 3월 인공적
으로 만든 소금물로 씨앗의 생존 능력을 실험했고, 여기저기 편
지를 써서 필요한 정보를 얻기 시작했다. 물론 이러한 노력은
후커의 도전 때문만은 아니었다. 다윈은 이미 1839년부터 쓴
"질문과 실험"이라는 제목을 붙인 공책 5쪽 뒷면에 "모든 종류
의 씨앗들을 소금을 넣은 인공 바닷물에 오래 담가보자"라고 기
록해 두었다. 이때 생각을 실험으로 확인해보려고 한 것이다.

다윈이 실제로 증거를 수집하기 시작했다. 1855년 3월 말,
소금을 구입해서 소금물을 만들어, 텃밭에서 기르던 큰다닥냉
이[59], 무, 양배추, 상추, 당근, 셀러리 등의 씨앗을 소금물을 담은

---

59 다윈은 cress로 표기했는데, 5월 26일자 『정원사 신문』에 글을 쓸 때에는 *Lepidium
    sativum*이라는 학명을 병기했다. 영어로는 garden cress라고도 부르며 먹을 수 있다.

작은 병에 넣었다. 몇 개의 병은 정원에 두고, 몇 개의 병은 눈을 담은 용기에 묻어 지하실에 두었다. 추위가 씨앗에 미치는 영향을 조사하려고 한 것이다. 그리고 정기적으로 각각의 병에서 씨앗을 끄집어내어 유리 접시에 넣고 싹이 트는지를 관찰했다. 이른바 다윈식의 '씨앗-소금물' 실험을 한 것이다. 여기서 소금물은 바닷물을 의미할 것이다. 실험 결과는 다윈의 생각과 맞아떨어졌다. 소금물에 일주일 담겨 있던 씨앗들에서 모두 싹이 나온 것이다. 다윈은 너무나 기뻐서 자신의 생각을 부정했던 후커에게 1855년 4월 13일 자신이 실험했던 내용을 설명하는 편지에 "물에 정확하게 일주일 동안 담가두었으나 모든 씨앗에서 싹이 나왔다네, 물론 (자네가 날 비웃을 수도 있겠지만) 나는 이런 결과가 나올 것으로 예상하지 못했다네"라고 써서 보냈으며, 4월 24일에는 큰다닥냉이와 상추를 21일간 소금물에 담가두었는데도 싹이 나왔음을 편지로 알려주면서 자신이 한 실험이 얼마나 '터무니없는' 일인지 잘 알고 있다고 했다.

다윈은 이 터무니없는 일을 이미 오래전부터 구상했다. 단지 후커의 반론을 잠재우려고 예전에 공책에 적어두었던 실험 중 소금물 실험을 먼저 했을 뿐이다. 실험을 하면서 4월 14일자 『정원사 신문』에 「바닷물은 씨앗을 죽이는가?」라는 도발적인 글을 써서 일반 독자들에게 도움을 청했다. 어찌되었든 다윈이 1844년에 거름주기와 씨앗을 물에 담가두는 것 그리고 다양한 변이를 보이는 잎과 관련된 글 두 편을 발표한 이후, 11년 만에 식물과 관련된 글을 쓴 것이다. 이 글의 일부는 다음과 같다.

> 저는 식물의 분포에 대해 아주 작은 실마리라도 찾기를 희망하
> 면서, 씨앗을 바닷물에 담가 두면 씨앗의 발아력에 어떤 영향
> 이 나타나는지 확인하려고, 특히 멀리 떨어진 외딴 섬과 본토
> 에서 같은 종이 많이 발견되는 사례와 관련하여 몇 가지 실험
> 을 시작했습니다. 독자 중 누가 이러한 실험을 과거에 시도해
> 보았는지 알려주시면 고맙겠습니다. 또한, 어떤 종류의 씨앗,
> 또는 어떤 종의 씨앗이 바닷물 때문에 죽을 가능성이 클까요?
> 그리고 그 이유는요? 제가 지금까지 추출한 결과는 너무 작고
> 사소하여 언급할 가치는 없는 것 같습니다.

오늘날로 평가하면 다윈은 그 당시에 집단지성에 도움을 청
한 것이다. 단지 일반인들에게 도움을 청하기 전인 4월 7일, 다
윈은 이미 후커에게 "가장 쉽게 죽을 수 있는 씨앗"을 보내달라
고 부탁했다. 그러나 후커의 반격도 만만치 않았다. 후커는 다
윈이 실험한 씨앗 대부분이 소금물에 뜨지 않는다는 것을 발견
했다. 다윈이 씨앗에서 싹이 트는 결과에 너무 흥분해서 씨앗
대부분이 소금물 속으로 가라앉았다는 점을 놓친 것이다. 이에
대해서 5월 15일 후커에게 편지를 보내며 자신이 꽹장히 당황
스러웠다면서 "이 진저리나는 씨앗들은, 자네가 정확하게 관찰
한 것처럼, 한 번 가라앉으면 다시는 뜨지 않았다네. (중략) 진저
리나는 씨앗들이 가라앉는다면, 갑자기 다가오는 문제는 이 배

은망덕한 악동들을 소금물에 담갔던 이 모든 고생이 아무것도 아니라는 점"을 다윈이 선선히 인정했다. 하지만 후커는 자신이 근무하던 큐 왕립식물원에 보관된 온갖 종류의 '바닷물에 쉽게 죽을 수 있는' 씨앗들을 다윈에게 보내면서 실험을 좀 더 큰 규모로 해보라고 제안했다.[60]

다윈은 5월 26일 『정원사 신문』에 '씨앗-소금물' 실험 결과를 투고했다. 아마도 다윈은 자신의 이런 실험을 통해서 씨앗이 오랫동안 바다를 건너서는 살아남지 못하므로 사라져 버린 대륙이 식물의 유일한 이동 경로라고 주장하던 사람들에게 경고한 것처럼 보인다. 어찌되었든 다윈은 일부 씨앗들이, 비록 소금물에 잠겨서 뜨지는 않았지만, 소금물에서도 생명력을 유지하는 것을 확인했다. 이처럼 다양한 씨앗으로 수행한 씨앗-소금물 시합에서 우승의 영광은 137일이 지나서도 싹을 틔운 고추와 셀러리에게 공동으로 돌아갔다.[61] 이제는 뜨지 않는 씨앗들이 어떻게 먼 곳까지 운반되는지를 확인해야만 했다. 다윈은 씨앗-소금물 실험에 이어서 또다시 엄청나게 터무니없는 실험을 해야만 했다.

운반 수단에 대한 단초는 다윈의 8살배기 아들 프랜시스가

---

60 데스먼드, 에이드리언과 무어, 제임스(김명주 역). 2012. 다윈 평전. p.704.

61 Darwin Correspondence Project, "Letter no. 1763," accessed on 30 December 2020, https://www.darwinproject.ac.uk/letter/DCP-LETT-1763.xml

제공했다. 만약 씨앗을 먹은 새가 번개나 우박을 맞아 바다에서 죽으면 꽤 한참 동안 바다에 떠 있을 수도 있다고 말한 것이다. 다윈은 수많은 새들의 배를 갈라 씨앗을 확인했으며, 이 씨앗이 생명력도 지니고 있음을 확인했다. 그 다음에는 물고기가 씨앗을 먹을 경우도 생각해내어, 물고기에 씨앗을 먹이는 힘든 실험도 했다. 물고기 실험은 다소 실패했다. 대신 다윈은 새들의 배설물을 관찰하기 시작했다. 소화되지 않은 씨앗이 새들의 배설물 속에 존재한다면, 이 씨앗이 새들이 멀리 이동할 때 같이 먼 곳까지 운반될 수도 있을 것이라는 생각이었다. 조사 결과는 다윈의 생각을 뒷받침했다. 올빼미의 위 속에 21.5시간 동안 있었던 씨앗이 싹을 틔운 것이다.[62] 그리고 소금물에 오랫동안 떠 있을 수 있는 씨앗이나 열매를 찾아, 얼마나 떠 있는지도 실험했다. 물기가 많은 열매는 말려서 실험에 사용했다. 그렇게 해서 성공적인 사례를 찾았다. 다윈은 『종의 기원』에서 "성숙한 개암나무류 열매는 즉시 가라앉았으나, 이 열매를 말리면 90일 동안 떠 있었고, 그 후 땅에 씨앗을 뿌렸더니 씨앗에서 싹이 나왔다"[63]라고 설명했다. 또한 새들의 발에 묻어 있는 흙속에서도 씨앗을 찾았다. 새들이 씨앗을 먹지 않고서도 발에 묻어 있는 흙과 함께 씨앗을 멀리까지 운반해 줄 가능성도 찾은 것이다.

---

62 데스먼드, 에이드리언과 무어, 제임스(김명주 역). 2012. 다윈 평전. p.741.

63 다윈, 찰스(신현철 역주). 2019. 종의 기원 톺아보기. p.469.

이제는 거리라는 문제를 해결해야만 했다. 해류의 경우, 다윈은 대서양에 흐르는 해류의 평균 속도를 존스톤(Alexander Keith Johnston, 1804~1871)이 엮은『자연 현상의 자연지리학 지도』에 근거해서 하루에 53km로, 그리고 28일 이상 소금물에 잠겨 있던 87개의 씨앗에서 64개가 발아했으므로 씨앗이 바닷물에서 견딜 수 있는 시간을 28일 정도로 추정했다.[64] 이는 약 1,500km까지는 해류를 타고 씨앗이 멀리까지 운반될 수 있음을 보여준다. 갈라파고스 제도와 이 제도에서 제일 가까운 에콰도르까지는 약 1,000km이며, 대서양에 위치한 아소르스 제도와 이 제도와 제일 가까운 포르투갈까지는 약 1,500km이다. 씨앗이 해류를 따라 운반될 수 있는 충분한 거리들이다. 한편 다윈은 새들의 날아가는 속도를 시간당 56km 정도로 추정했을 때, 새들이 먹은 먹이는 12시간 또는 심지어 18시간 이내에는 모래주머니를 통과하지 않으므로,[65] 새들이 먹은 씨앗은 약 1,000km 떨어진 곳까지 이동이 가능할 것이라고 생각했다.

거의 모든 문제가 해결되었다. 섬들이 대륙과 사라져 버린 대륙으로 연결되어 있었다는 가설로 생물의 분포를 설명하려는 시도를 더는 할 수 없게 되었다. 식물의 이주 가능성이라는 문제로 시작된 다윈과 후커의 논쟁은 다윈의 논리적 설명과 후

---

64 다윈, 찰스. 같은 책. p.470.
65 다윈, 찰스. 같은 책. p.473.

커의 수긍으로 귀결되었다. 다윈이 주장했던 이주 가능성을 부정했던 후커는 빙하가 씨앗을 운반할 수 있다는 다윈의 주장에도 수긍했다. 후커 자신이 조사했던 케르겔렌 제도의 식물과 티에라델푸에고 지역의 식물이 남극대륙에서 떨어져 나온 빙하에 씨앗이 묻혀 운반되었기에 비슷할 것이라는 다윈의 설명을 후커가 받아들인 것이다. 하지만 이제는 더 중요한 문제가 남아 있었다. 씨앗이 새로운 땅에 도착한 이후, 살아남을 수 있는 가능성과 관련된 것이다. 또 하나 더 있다. 어떤 식물이 한 지역에서 다른 지역으로 운반되었다면, 이 두 지역에서 자라는 식물은 같은 종이어야만 하는데, 왜 다를까라는 점이다.

III부

◇◇◇◇◇◇

『종의 기원』에서
여러 식물 사례를 설명한 다윈
(1858~1859)

1

◇◇◇◇◇◇

『종의 기원』을 발간하다

다윈은 두 번에 걸쳐 후커의 정곡을 찌르는 듯한 도전을 잘 막아냈다. 첫번째 도전에 대한 방어로 따개비에 관한 686쪽 분량의 『무병만각류의 종속지』라는 책을 1854년 9월에 발간했다. 이후 다윈은 본격적으로 자신의 생각을 정리하기 시작했다. 1854년 9월 7일 후커에게 보낸 편지에서 "나는 하루나 이틀 안에 종에 관한 내 오래된 공책을 살펴볼 예정"이라고 자신의 각오를 밝혔다. 그리고 이러한 각오를 "따개비 연구는 1846년 1월 1일에 시작해서 8년이 지났으나, 1~2년을 병으로 인해 그냥 보내버렸다. 이제는 종 이론과 관련된 기록들을 정리해야 한다"[1]라고 자신의 공책

---

1 Darwin Correspondence Project, "Letter no. 1588," accessed on 30 December 2020, https://www.darwinproject.ac.uk/letter/DCP-LETT-1588. xml의 주석 16번 참조.

다윈의 식물들

에도 썼다. 이는 비글호 탐험을 하면서부터 마음속에 새겼던 종의 기원과 관련된 문제에 본격적으로 도전하겠다는 의지를 다진 것이다. 그러나 다윈은 후커의 두번째 도전에 대한 방어로 1855년에는 씨앗-소금물 실험 등으로 시간을 보내야만 했다.

후커의 두번째 도전에 대한 방어도 무사히 잘 마무리한 다윈은 드디어 펜을 들었다. 1856년 5월 14일 다윈은 자신의 생각을 정확한 참고문헌도 없이 학회에 발표하는 것보다는 단행본으로 출판하기로 마음을 먹고 종의 기원에 관한 대략적인 개요를 쓰기 시작했다.[2] 『다윈 평전』에 따르면, 10월 13일에는 사육하는 동물에 관한 내용인 2장까지 썼고, 12월에는 교배와 생식 가능성을 논의한 3장을 끝냈고, 다음해 1월에는 '4장 자연 상태에서 나타나는 변이', 2월에는 '5장 생존을 위한 몸부림', 3월에는 '6장 자연선택', 7월에는 '7장 변이의 법칙', 11월에는 '8장 이론의 어려움'과 '9장 잡종성', 그리고 12월부터는 '10장 정신능력과 동물의 본능'을 쓰기 시작해서 이듬해 1858년 3월에는 '11장 지리적 분포'를 완성했다.[3] 여기까지가 다윈의 예상으로는 전체의 3분의 2 정도였다. 계속해서 '12장 형질분기'와 관련된 원고를 쓰던 중인 6월 18일 말레이 제도에서 생물을 조사하던 월리스(Alfred Russel Wallace, 1823~1913)의 편지를 받음으로써

---

2 데스먼드, 에이드리언과 무어, 제임스(김명주 역). 2012. 다윈 평전. p.732.

3 데스먼드, 에이드리언과 무어, 제임스. 같은 책. pp.741-773.

집필 작업은 중단되었다.

월리스는 편지와 함께 종의 기원을 논의한 원고 1부를 다윈에게 보냈는데, 이 원고 내용이 그에게 너무나 충격적이어서 다윈은 원고 집필 작업을 중단해야만 했다. 다윈이 생각하고 있던 종의 기원이라는 문제의 해답이 월리스의 원고에 들어 있었다. 월리스는 기린의 목이 길어진 이유를 기린 개체들의 목이 길고 짧은 변이에서 찾았는데, 목의 길이에 따라 먹이 섭취의 효율성이 달라져 그 결과 개체들마다 필연적으로 서로 다르게 나타나는 생존과 번식, 그리고 변이의 축적으로 모든 개체들의 목이 길어진 새로운 종이 만들어질 수밖에 없다고 설명하고 있었다. 다윈이 지난 20여 년 동안 생각해왔던 것을 월리스는 기린을 예로 들어 아주 단순하게 설명했다. 이에 충격을 받은 다윈은 서둘러 라이엘, 후커 등과 상의하여, 여태껏 쓰던 원고를 중단하고 새로운 원고를 쓰게 되었다. 이 원고는 지금껏 쓰던 원고와는 달리 참고문헌 표시도 없는 요약본 형태였으며, 1년 뒤인 1859년 11월 22일 런던에 있는 존 머리 출판사에서 발간되었다.

다윈은 참고문헌이 없으니 '요약'이라는 단어를 넣은 "자연선택으로 설명되는 종과 변종의 기원에 관한 논문 요약"[4]으로 책 제목을 생각했다. 그러나 출판사에서는 "자연선택이라는 수

---

4 데스먼드, 에이드리언과 무어, 제임스(김명주 역). 2012. 다윈 평전, p.790.

영국의 자연사학자이자 탐험가 앨프리드 러셀 월리스(Alfred Russel Wallace). 아마존 강 유역과 말레이 제도를 탐험하며 연구했고 독자적으로 자연선택이론을 수립했다. 또한 월리스라인을 발견하고 월리스효과 등을 발전시켜 진화론 발달에 큰 기여를 했다.

단으로 설명되는 종과 변종의 기원"으로 줄이자는 대안을 제시했고, 다윈이 여기에서 '변종'을 삭제하여 최종적으로 책 제목은 "자연선택이라는 수단으로 설명되는 종의 기원(On the Origin of Species by Means of Natural Selection)"으로 결정되었다.[5] 종과 변종을 구분하기 힘들다고 『종의 기원』 곳곳에서 논의하고 있었기에, '변종'이라는 단어를 삭제한 것으로 보인다.

다윈은 월리스가 보낸 편지의 충격으로 요약본 형태로 『종의 기원』을 발간할 수밖에 없었던 안타까운 자신의 심정을 "내 연구는 이제 거의 끝나가나 완전히 끝내려면 앞으로 2~3년은 더 필요할 것이다. 그런데 내 건강 상태가 좋은 편은 아니어서, 나는 이 요약본을 서둘러 출판해야만 했다. 내가 이 책을 출판하게 된 특별한 계기도 있는데, 말레이 제도의 자연사를 연구하는 월리스 씨도 종의 기원에 대해 내가 내린 결론과 거의 딱 들어맞는 상동적 일반 결론에 도달했기 때문이다. (중략) 지금 내가 출판한 이 요약본은 필연적으로 불완전할 것이다. 이 요약본에 있는 몇 가지 주장을 입증할 참고문헌과 전문가들을 나는 열거할 수가 없기 때문"[6]이라고 토로했다.

어찌되었든 중세 이후 과학혁명의 손길에서 멀리 떨어져 있

---

5 데스먼드, 에이드리언과 무어, 제임스(김명주 역). 2012. 다윈 평전. p.792.
6 다윈, 찰스(신현철 역주). 2019. 종의 기원 톺아보기. p.12.

던, 즉 모든 생물을 신이 창조했다고 굳게 믿고 있던 생명과학계에 20여 년 준비한 쿠데타가 일어났다. 이 쿠데타는 성공했다. 그 이후, 생명 현상을 진화라는 새로운 수단으로 설명할 수 있게 되었다. 아니 설명해야만 했다. 다윈은 『종의 기원』에서 "이 책에서 설명한 종의 기원에 대한 견해를 생각해볼 때 또는 대응하는 견해를 일반적으로 받아들이게 될 때, 우리는 자연사에서 상당한 혁명이 나타날 것으로 어렴풋이 예견할 수가 있다"[7]라고 언급했다. 또한 세계적인 진화생물학자 도브잔스키는 "진화라는 실마리를 통하지 않고서는 생물학에서 의미 있는 것은 아무것도 없다"라고 『종의 기원』에서 설명하는 진화가 지니는 의미를 단언했다.

다윈이 『종의 기원』 출판 이전에 쓰던 원고는 결국 미발표된 상태로 남게 되었다. 이 가운데, 1장과 2장은 1868년에 2권으로 출판된 『생육 상태에서 나타나는 동식물의 변이』라는 책의 1장과 2장으로 대체되었을 뿐,[8] 나머지는 원고 상태로 방치되었다. 그러다가 1975년에 이르러 『찰스 다윈의 자연선택; 1856년부터 1858년까지 쓰인 그의 방대한 종과 관련된 책의 2번째 부분』이라는 제목으로 출판되었는데, 줄여서 『위대한 책(Big Book)』으로 부르고 있다. 이 책에는 1장과 2장이 없는데, 이 부분은 다윈이 이미 출판했기 때문이다.

---

7 다윈, 찰스. 같은 책. p.627.
8 Stauffer, R.C.(ed.) 1975. Charles Darwin's Natural Selection. p.2.

2

◇◇◇◇◇◇

『종의 기원』에서 진화를 주장하다

　『종의 기원』에 어떤 내용이 담겨 있어서 '쿠데타'나 '혁명'이
라는 단어가 나올까? 책을 읽어 보면 알 수 있을 것이다. 그러
나 이 책은 동서고금을 막론하고 엄청나게 읽기 어렵다고 알려
져 있다. 우리나라에서는 "끝까지 읽지 못하며"[9], "읽히지 않으
며"[10], "세상에서 가장 재미없으며"[11], 그리고 "읽어도 아무것도
알아낼 수 없는"[12] 책으로 알려져 있다. 『종의 기원』을 출판한 영
국에서도 『종의 기원』의 난해함 때문에 이 책을 "훨씬 수준 있

9　콰멘, 데이비드(이한음 역). 2008. 신중한 다윈씨. p.326.
10　박성관. 2010. 종의 기원, 생명의 다양성과 인간 소멸의 자연학. p.6.
11　전문가 읽는 데 23년 걸리는 '종의 기원', 안 읽어도 된다. 한국일보 기사. 2015년
　　11월 20일.
12　마이어, 에른스트(신현철 역). 1998. 진화론 논쟁. p.239.

는 과학책"[13]으로 평가하게 되었다고 한다. 다윈의 열렬한 지지자로서 다윈이 생각한 '종의 기원'을 규명하는 여정에 동참했던 후커는 이 책을 만만한 것처럼 말했지만, 후커 자신도 여러 주에 걸쳐 『종의 기원』을 통독했다고 한다.[14]

『종의 기원』은 초판부터 6판까지 인쇄되었으며, 판이 거듭될수록 주변의 평가를 반영하여 책의 내용이 조금씩 또는 상당히 많이 수정되었다. 실례로 5판부터는 자연선택을 다루는 장 이름이 '자연선택'에서 '자연선택 또는 적자생존'으로 변경되었다. 또한 '진화'라는 단어를 초판에서 5판까지는 사용하지 않은 대신에 '변형을 수반한 친연관계'라는 구절로 진화를 표현했으며, 6판에서는 부분적으로 '진화'라는 단어를 사용했다. 하지만 다윈이 생각했던 진화에 대한 거친 속내는 초판에 그대로 드러나 있다고 보기 때문에, 초판이 중요한 평가를 받고 있다.

초판을 기준으로 『종의 기원』 내용을 살펴보자. 다윈은 『종의 기원』을 '변이'라는 단어로 시작했다. 같은 종에 속하는 개체들이 같은 틀에서 찍어내듯이 만들어진 것이 아니라 개체마다 서로서로 조금씩 다른 개체차이가 나타나는데 이를 '변이'라고 했다. 이러한 변이는 '사람들이 동식물을 생육할 때 나타나는 변이'와 '자연 상태에서 나타나는 변이'로 구분되어 1장과 2

13, 14 데스먼드, 에이드리언과 무어, 제임스(김명주 역). 2012. 다윈 평전. p.801.

장에서 설명되었다. 또한 개체마다 조금씩 다르기에 살아가는 방식도 조금씩 다를 것이고 추구하는 것도 조금씩 달라질 수밖에 없을 것인데, 다윈은 개체마다 독특하게 삶을 영위하고 자손을 남기는 과정을 '생존을 위한 몸부림'으로 간주하고 3장에서 설명했다. 이에 따라 어떤 개체는 환경의 변화에 따라 적응해서 살아남고 어떤 개체는 죽을 수밖에 없으며, 적응하는 과정에 따라 다양한 형태가 만들어질 것으로 추정되는데, 다윈은 이 과정을 '자연선택'이라 했으며 4장에서 설명했다. 한편, 변이가 어떻게 만들어지는가에 대해서는 '5장 변이의 법칙'에서 논의했다. 아마도 1장에서 5장까지가 다윈이 설명하는 진화 과정일 것이다. 『종의 기원』 나머지 부분은 이러한 과정을 사례를 들어 설명하고 있다.

다윈은 자신의 이론, 즉 생물이 진화한다는 것은 이론으로 설명하기가 다소 힘든 사례라고 할지라도 설명이 가능하다고 주장했는데, 이런 사례로 4가지를 들었다. 첫번째로 한 생물이 다른 생물로 진화할 때 필연적으로 나타나야만 하는 중간단계가 존재한다는 사실, 두번째로 구조적으로 파악할 수 없는 기능적 변화, 즉 습성의 변화 과정, 세번째로 동물에서 흔히 관찰되는 본능의 습득, 그리고 네번째로 종을 교배할 때 나타나는 생식불가능성이다. 첫번째와 두번째는 '6장 이론의 어려움'에서, 세번째는 '7장 본능'에서, 그리고 네번째는 '8장 잡종성'에서 설명했다. 특히 많은 진화 사례에서 중간단계를 관찰하기가 어려운데, 그 이유로는 지질학적 기록이 완벽하게 발굴되지 않아서라고 '9장 지질학적 기록의 불완전성'에서 설명했다.

이러한 어려움들이 있었지만, 다윈은 생물들이 진화했음을 입증하는 증거들을 여러 가지 차원으로 파악해서 상세하게 설명했다. 진화의 증거로 지질학에서 발견된 화석 증거를 보면, 생물들이 서로서로 연결되는 연속성을 보인다는 점을 들 수 있는데, '10장 생명체의 지질학적 연속성'에서 설명했다. 그리고 지리적으로 멀리 떨어진 곳에서 비슷하게 발견되는, 예를 들어 갈라파고스 제도의 생물들과 같은 사례들은 한 곳에서 다른 곳으로 이동했고, 정착한 지역의 환경 조건에 따라 진화했다고 설명할 수밖에 없을 것인데, 이러한 사례들은 11장과 12장 '지리적 분포'에서 설명했다. 이 밖에도 진화의 증거들은 생물들이 형태학적, 발생학적으로 보여주는 상호친밀성으로 나타나게 되는데, '13장 생명체의 상호친밀성, 형태학, 발생학, 흔적기관들'에서 설명했다. 마지막으로 다윈은 14장에서 자신이 생각하는 진화에 대하여 간단히 요약했다.

그런데 『종의 기원』에 나오는 사례들 상당수는 동물에서 추출된 것이며, 특히 화석의 경우는 더 그렇다. 식물 사례는 상대적으로 적은 편이다. 그럼에도 이 부족한 식물 사례는 『종의 기원』에서 주장하고 있는 '생물이 진화한다'는 사고방식의 결정적 증거 역할을 하고 있다. 식물학자가 되고 싶었던 다윈의 욕망이 담겨져 있다고나 해야 할까. 다윈은 식물을 어떻게 활용했을까? 식물을 이야기 주제로 삼아 그 어렵다는 『종의 기원』을 이해해 보자.

3

◇◇◇◇◇◇

앵초류로 변이를 설명하다

다윈은 『종의 기원』 1장에서 생육하는 생물, 특히 집비둘기에서 나타나는 변이를 자세히 설명했고, 2장에서는 자연에서 살아가는 생물들의 변이를 설명했다. 이러한 설명들 중 하나가 바로 앵초류에 관한 것이다. 『종의 기원』 내용을 잠시 살펴보자.

아주 명확하게 변종으로 간주하거나 애매한 종으로 간주하는 많은 사례들을 고찰할 필요가 있다. (중략) 나는 이 점에 관해 널리 잘 알려진 영국앵초(*Primula vulgaris*)와 카우슬립앵초(*P. veris*)의 단 한 실례로만 설명하고자 한다. 이들은 외관상 상당한 차이를 보이는데, 서로 다른 맛을 지니며 내뿜는 향도 다르다. 꽃이 피는 시기도 조금 다르다. 자라는 지점도 어느 정도는 다른데, 산에서 자라는 고도도 다르며, 지리적 분포범위도 다르다. (중략) 그런 반면, 이들은 많은 중간형태로 연결되어 있는데, 이처럼 연결되어 있는 것들을 잡종으로 간주할 수 있는지도 아주 애매하다. 하지만 내가 보기에는, 이들 모두가 공통부모에서 유래되었음을 보여 주는 엄청난 실험 증거들이 있으므로, 이들을 모두 변종으로 간주해야만 한다.[15]

잘 이해가 되지 않을 것이다. 그러나 『위대한 책』에서는 이 부분이 무려 5쪽에 걸쳐 설명되어 있다. 이는 자연에서 나타나는 변이를 앵초류로 설명하고자 했던 것이다. 영국에서 자라는 앵초속(*Primula*) 식물로는 영국앵초(*P. vulgaris*), 카우슬립앵초(*P. veris*), 옥스립앵초(*P. elatior*) 등 여러 종류가 있는데, 다윈은 특히 이 세 종류를 예로 들었다. 이들 세 종류는 얼핏 보면 서로서로 명확하게 구분된다. 영국앵초는 연한 노란색 꽃이 근생화경[16]에 한 송이씩 달리며 영국 거의 전역에서 자라는 반면, 카우슬립앵초는 여러 송이의 노란색 꽃이 여러 방향으로 달리며 영국 북부를 제외한 거의 전역에서 자라고, 옥스립앵초는 여러 송이의 연한 노란색 꽃이 한쪽 방향으로만 달리며 영국 남동부에서만 자라는 점에서 서로서로 구분된다.

그리고 이들의 분포가 겹치는 지역에서는 자연스럽게 서로

---

15 다윈, 찰스(신현철 역주). 2019. 종의 기원 톺아보기. pp.76-77.
16 44쪽 참고.

PRIMROSE

(PRIMULA VULGARIS, *and vars.*)

Nat. size

PL. 171

다양한 영국앵초 종류들. 『정원과 온실에서 가장 좋아하는 꽃』 3권(1897)에 수록된 그림

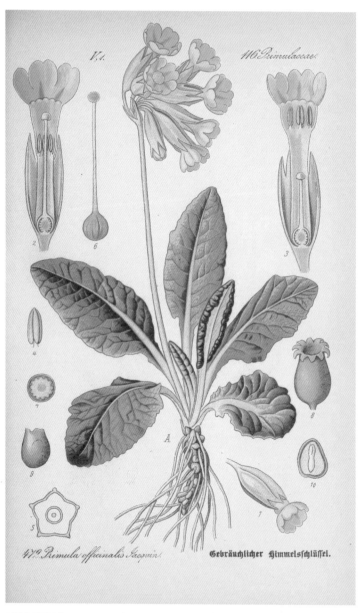

카우슬립앵초(*Primula veris*). 독일의 식물학자이자 식물화가 오토 빌헬름 토메의 『독일, 오스트리아와 스위스의 식물상』(1885)에 수록된 그림

간에 잡종을 형성한다. 영국앵초와 옥스립앵초 사이의 잡종을 오늘날에는 유사옥스립앵초(*P. ×digenea*), 영국앵초와 카우슬립앵초 사이의 잡종을 다화앵초(*P. ×polyantha*), 옥스립앵초와 카우슬립앵초 사이의 잡종을 메디아앵초(*P. ×media*) 그리고 이 3종 사이의 잡종을 머베키앵초(*P. ×murbeckii*)로 간주하고 있다 (Jacquemyn, 2009; Brys and Jacquemyn, 2009). 이와 같이 종과 종이 교배해서 잡종이 만들어지면, 이 잡종은 부모 종이 지닌 형질의 중간형태를 띠거나 부모 중 어느 한쪽의 형질을 더 많이 지니게 됨에 따라 부모 종과 잡종을 구분하기가 힘들어진다.

다윈은 이런 점을 "이들은 많은 중간형태로 연결되어 있는데, 이처럼 연결되어 있는 것들을 잡종으로 간주할 수 있는 지도 아주 애매하다"라고 표현한 것이다. 단지 다윈은 이들이 모두 앵초속에 속하는 식물이므로, 이들은 공통부모로부터 파생되었을 것이고, 그에 따라 모두 변종으로 간주해야 한다고 주장한 것이다. 어찌되었든 다윈은 서로서로 비슷한 개체들을 변이로 간주했고, 같은 변이를 지닌 개체들을 변종으로 간주했다. 그리고 질문을 던졌다. 왜 창조된 생물들이 '틀에서 찍어내듯이 만들어졌다'라고 생각할 수 없을 정도로 개체마다 서로서로 조금씩 다른가? 왜 변종이 존재한단 말인가? 변종도 창조되었을까? 변종이 창조되지 않았다면, 종도 창조되지 않았을 수도 있지 않을까? 역으로 변종이 자연 상태에서 만들어질 수 있다면, 종도 자연 상태에서 만들어질 수 있지 않을까? 왜 창조된 종들 사이에서 잡종이 만들어질 수 있을까? 아마도 다윈은 자연 상태에서 나타나는 변이를 관찰하면서 이런 질문들을 던졌을 것이다.

다윈은 또 다른 질문을 던졌다. 어떤 종에는 많은 변종들이 기재되어 있고 또 어떤 종에는 변종이 거의 기재되어 있지 않은데, 왜 이런 차이가 나타나는가라는 질문이다. 알퐁스 드캉돌을 비롯하여 일부 학자들이 넓은 지역에서 자라는 식물들에서는 일반적으로 변종들이 나타났다고 주장했는데, 좁은 나라에서도 한 종에 속하는 개체수가 많은 흔한 종이거나 나라 전체에 넓게 퍼져 있는 종들에서는 많은 변종들이 기재되어 있었다. 이러한 사실들을 근거로, 다윈은 식물들이 다양한 환경 조건에 노출되고 서로 다른 종들과 상호관계를 맺게 되어 더 많은 변이가 만들어져서 변종으로 기재되었을 것이라는 하나의 가정에 도달하게 되었고, '왜 그럴까?'라는 질문을 던진 것이다.

다윈은 당시까지 확보할 수 있었던 여러 나라의 식물 조사 결과로부터 변종을 포함한 종들과 변종이 없는 종들의 수와 분포범위를 계산했다. 러시아는 나라 전체를 16개 구역으로 구분할 수 있었는데, 변종을 포함한 종 수는 999개로 평균 4.94개 구역에 분포했으나, 변종이 없는 종 수는 5,347개로 평균 2.43개 구역에 분포했다. 영국은 18개 구역으로 구분할 수 있었는데, 변종을 포함한 종 수는 169개로 평균 14.55개 구역에 분포한 반면, 변종이 없는 종 수는 1,053개로 평균 10.76개 구역에 분포했다.[17] 이를 통해 다윈은 변종을 포함한 종 수가 그렇지 않은 종 수에 비해 상대적으로 적지만, 분포범위가 훨씬 넓다는 점을 확인한 것이다. 이런 경향은 프랑스, 네덜란드, 미국 등지에서도 확인되었으며, 그 결과는 다윈이 생각했던 가정이 타당함을 입증했다. 결국 생물에서 나타나는 변이는 어떤 생물을 둘러싸고 있는 공기, 물, 토양과 같은 비생물적 환경요인과 이 생물이 상호관계를 맺고 있는 또 다른 생물이라는 생물적 환경요인에 의해 나타나는데, 더 넓은 지역에서 자라는 생물들은 더 다양한 비생물적, 생물적 환경요인을 접하게 되면서 더 많은 변이가 나타나게 된다는 것이 다윈의 생각이었다.

다윈은 『종의 기원』 1장에서 다양한 집비둘기를 설명하면서, 모이주머니가 큰 파우터비둘기나 꼬리가 공작같이 생긴 공작비둘기처럼 집비둘기 품종이 다양해진 것은 사람들이 원하는 변이(형질)를 지닌 집비둘기 개체들을 오랜 세월 선택했기 때문으로 풀이했다. 그렇다면 자연 상태에서 앵초류 식물들이 보여주는 다양한 변이는 어떻게 설명할 수 있을까? 또한 넓게 분포하는 종들에서 어떻게 더 많은 변종들이 만들어졌을까도 다윈이 해결해야만 하는 숙제였다.

---

17 Stauffer, R.C.(ed.) Charles Darwin's Natural Selection. pp.134-135.

한편 다윈은 『종의 기원』 초판 49쪽에서 앵초류를 잘못 설명했다. 영국앵초(영어명 primrose)의 학명으로 *Primula veris*를, 카우슬립앵초(영어명 cowslip)의 학명으로 *P. elatior*를 병기한 것이다. 그러나 *P. veris*의 영어명은 카우슬립(cowslip)이며, *P. elatior*의 영어명은 옥스립(영어명 oxlip)이 맞다. 천하의 다윈이 실수한 것이다. 물론 다윈은 2판에서 이를 수정했는데, 영어 이름은 모두 제외하고 학명만 "*Primula vulgaris* and *P. elatior*"라고 나열했다. 다윈은 『종의 기원』을 출판한 이후, 영국에 분포하는 앵초류를 추가로 연구했다. 케임브리지에서 헨슬로에게 식물학을 배울 때, 헨슬로가 영국앵초와 카우슬립앵초에 관련된 내용으로 논문을 썼는데, 다윈이 이 논문을 재검토해서 1862년과 1868년에 발표했다. 사소한 실수가 다윈으로 하여금 논문을 쓰게 만든 것만 같다.

4

◇◇◇◇◇◇

식물의 관점에서 생존을 위한 몸부림을 바라보다

생물에게 생긴 변이를 다윈은 어떻게 생각했을까? 변이의 원인보다는 변이의 결과를 더 중요하게 여긴 것 같다. 다윈 시대에는 정확한 유전학 지식이 없었으므로 변이의 원인을 상세하게 파악할 수 없었을 것이다. 그러나 변이가 생긴 다음에 어떤 일이 일어날 것인지는 예측할 수 있었을 것이다. 다윈은 한 종을 이루는 구성원이지만 서로 다른 변이를 지닌 개체들이 최소한 일부는 살아남아서 자손을 남겨야만 그 종이 유지될 것으로 생각했을 것이다. 진화라는 것이 한 세대에서 다음 세대로, 또 다음 세대로, 세대를 이어가면서 나타나는 현상이므로, 자손을 남기는 것이 중요한 문제가 될 것이다. 물론 자손을 남기려면 변이를 지닌 개체가 생존해야만 할 것이다. 다윈은 이런 과정을 '생존을 위한 몸부림'이라고 불렀다.

나는 '생존을 위한 몸부림'이라는 용어를 한 생명체가 다른 생명체에 의존하는 관계와 (이보다는 더 중요하게) 개체들의 일생뿐만 아니라 자손들을 성공적으로 남기는 것을 포함하는 넓은 의미로 은유적으로 사용하고 있다고 말해야만 한다.[18]

다윈이 『종의 기원』에서 정의한 생존을 위한 몸부림이다. 다윈은 생존을 위한 몸부림이 1) 다른 생물과의 관계 유지, 2) 개체로서의 일생, 3) 자손 낳기 등으로 이루어져 있다고 설명하고 있다. 한 생물이 살아가는 데 필요한 조건은 흔히 물, 공기, 토양 등과 같은 비생물적 조건과 이 생물을 둘러싸고 있는 또 다른 생물과 같은 생물적 조건으로 구분된다. 내가 있다면 네가 있는데, 나를 기준으로 하면 너는 생물적 조건이 된다. 물론 역으로 너를 기준으로 하면 내가 너의 생물적 조건이 된다. 나와 너 사이의 모든 관계를 유지하는 것이 다윈이 고려한 첫번째 생존을 위한 몸부림이 되는 것이다. 나를 둘러싼 모든 생물들과 적절한 관계를 유지하는 것이 가장 중요한 일이라는 설명일 것이다.

일반적으로 생물들 사이에서 이러한 관계로는 자원을 서로 차지하려는 경쟁, 서로 같이 나누어 먹으려는 공생, 한쪽만 일방적으로 이익을 취하려는 기생 등이 있다. 보통 경쟁은 경쟁을 하는 두 생물 모두에게 피해를 주는 관계로 인식되고 있는데,

---

18 다윈, 찰스(신현철 역주). 2019. 종의 기원 톺아보기. pp.94-95.

경쟁을 하다 보면 두 생물이 모두 다른 생물들에게 약점을 노출시키기 때문이다. 그래서 생물들은 경쟁보다는 서로에게 도움이 되는 공생 관계를 유지하려고 노력한다. 지금까지 생존을 위한 몸부림을 생존경쟁 또는 생존투쟁으로 받아들이고 있으나, 경쟁이나 투쟁은 상대방에게 무엇인가를 뺏기 위한 관계만을 강조하는 의미가 있는 것 같아, 다윈이 설명하는 생존을 위한 몸부림의 두번째와 세번째 의미는 사라져 버린다.

다윈은 『종의 기원』에서 생존을 위한 몸부림의 사례로 식물을 들고 있다. "사막 가장자리에서 살아가는 한 식물은, 물에 의존해서 살아간다고 말하는 것이 더 적절하겠지만, 건조에 대항하여 살려고 몸부림치고 있다고 말할 수 있다"[19]라고 설명했다. 사막에서 홀로 살아가는 식물이 그 누구와 경쟁할 수 있을까? 단지 식물 홀로 물을 확보해서 자신이 건조해지는 것을 방지해야만 살아갈 수 있게 된다. 다윈은 이러한 과정도 '생존을 위한 몸부림'이라고 불렀다. 한 개체로서의 삶을 유지하는 것이 그 무엇보다도 중요하다는 의미이다.

또한 다윈은 "겨우살이는 사과나무를 비롯하여 몇 종류의 나무에 의존해서 살아가는데, 겨우살이가 이 나무들과 맞서 싸우고 있다고 말하는 것은 당치 않다. 한 나무에 너무 많은 겨

---

19 다윈, 찰스. 같은 책. p.95.

겨우살이(*Viscum album*). 독일의 식물학자이자 식물화가 오토 빌헬름 토메의 『독일, 오스트리아와 스위스의 식물상』(1885)에 수록된 그림

우살이가 자라게 되면 나무가 쇠약해져 결국 죽기 때문이다"[20]라고 설명했다. 여기서 겨우살이와 겨우살이가 달라붙어 살아가는 나무와의 관계는 기생 관계이다. 달리 말해 숙주와 기생자 관계이지, 경쟁 관계가 아니라는 의미이다. 계속해서 다윈은 "겨우살이는 새들에 의해 씨앗이 전파되므로, 이들의 생존은 새들에 의해 결정된다. 그래서 이들은 새들이 다른 식물들보다 자신을 더 많이 먹어 치워 씨를 멀리 퍼뜨리도록, 새들을 유혹하려고 열매를 만든 다른 식물들과 함께 몸부림치고 있다"[21]라고 설명했다.

다윈은 생존을 위한 몸부림을 은유적 표현이라고 했다. 은유란 "내 마음은 호수다"와 같이 볼 수 없거나 만질 수 없는 대상을 볼 수 있거나 만질 수 있는 대상으로 치환해서 설명하는 방식이다. 따라서 은유적 표현은 받아들이는 사람의 경험에 따라 달리 해석될 수도 있다. 다윈이 은유적으로 표현한 생존을 위한 몸부림을 생존경쟁으로 받아들이면, 모든 생물들이 치열하게 싸워야만 하는 존재로 이해될 것이다. 그러나 생물이 살아남으려고 몸부림치며 살아가는 것으로 받아들인다면, 모든 생물들이 자신의 자리에서 열심히 살아가는 것으로 이해할 것이다. 다윈은 『종의 기원』에서 경쟁보다는 자신의 자리를 어떻게 확보해서 살아가는가, 오늘날 용어로 풀이하면 자신만의 생태적 지

20, 21 다윈, 찰스(신현철 역주). 2019. 종의 기원 톺아보기. p.95.

위를 어떻게 확보하고 유지하는가를 강조했다. 이런 관점에서 볼 때, 생존을 위한 몸부림을 식물로 설명하는 것이 가장 좋은 방법이었을 것이다. 물론 먹어야만 사는 동물들도 먹이를 서로 구분하면, 이 역시 생태적 지위를 달리하는 것이므로 서로 경쟁할 필요가 없을 것이다. 나는 이것, 너는 저것을 먹게 되면 둘 사이에 경쟁할 일이 없다는 것이며, 각자의 자리를 유지하려고, 즉 살려고 몸부림치게 된다는 것이 다윈의 설명이다. 이러한 설명은 다윈이 식물을 몰랐다면 불가능했을 것이다. 식물학자다운 다윈만이 할 수 있는 설명이다.

5

◇◇◇◇◇◇

토끼풀과 벌의 관계로 자연선택을 풀어내다

　다윈이 생존을 위한 몸부림 다음에 고민했던 것은 몸부림치며 생명을 유지한 개체들의 운명이었을 것이다. 모든 개체들이 몸부림치기만 해도 살아갈 수 있다면 참으로 좋겠지만, 몸부림쳐도 살아가지 못하고 죽게 되는 개체들도 있기 때문이다. 자신이 살아가고자 하는 방향에 문제가 있다면 그 생물은 죽게 될 것이나, 그렇지 않다면 살아남을 수 있을 것으로 다윈은 생각했던 것 같다. 다윈은 이러한 과정을 통해 "도움이 되는 변이는 보존되고 유해한 변이는 제거"[22]되는 것으로 생각했고, 이를 자연선택이라고 불렀다.

22　다윈, 찰스(신현철 역주). 2019. 종의 기원 톺아보기. p.118.

삶에 도움이 되는 변이를 지닌 개체가 살아남아 자손을 남김으로써 그 변이도 다음 세대에 전달되나, 개체의 삶에 해가 되는 변이는 개체를 죽게 만들고 변이도 다음 세대에 전달되지 못한다는 의미이다. 수많은 개체들이 변이를 지니고 있고, 살아남기 위해 몸부림치지만, 결국에는 유리한 변이를 지닌 개체만이 살아남고, 그렇지 않은 개체는 죽게 될 것이다. 다윈은 개체들이 틀에서 찍어낸 것처럼 모두 다 같지 않은, 즉 변이를 지니고 있는 상태에서 모든 개체들이 생존을 위해 몸부림치지만, 결국 생존에 유리한 변이를 지니고 있으면 살아남고, 그렇지 못하면 죽을 것이라고 예측한 것이다.

이때 중요한 점은 '어떤 변이를 지녔느냐 보다는 다른 생물과 어떤 관계를 맺느냐'일 것이다. 자신 혼자만의 삶에 유리한 변이를 지녔다 하더라도 다른 생물과의 관계가 적절하지 못하면, 이 역시 살아남을 수 없을 것이다. 그 역으로도 마찬가지일 것이다. 다소 불리한 변이를 지녔다 하더라도 다른 생물과 원만한 관계를 유지하면 살아남을 수 있을 것이다. 결국 유리한 변이인가 불리한 변이인가는 변이 그 자체에 있는 것이 아니라 다른 생물과의 관계에서 결정될 수밖에 없는 것이다.

다윈은 특정 지역에 한 생물이 유입되거나 사라지는 경우를 자연선택의 사례로 들었다. 생물이 유입되거나 사라지기 전에는 특정 지역에서 살아가던 생물이 자기들만의 관계를 유지하며 살았을 것이나, 한 생물이 유입되거나 사라지면서 그때까지 유지되던 생물 사이의 관계에 변화가 초래될 것이다. 이러한 변화로 인해 어떤 생물은 선택되고 어떤 생물은 죽을 것이므로 변이 자체가 유리하고 불리한 것보다는 다른 생물과의 관계가 더 중요하게 된다.

『종의 기원』에서 이러한 자연선택을 붉은토끼풀(*Trifolium medium*)과 진홍토끼풀(*T. incarnatum*), 그리고 뒤영벌과 꿀벌과의 관계로 설명하고 있다.[23] 붉은토끼풀에는 뒤영벌이, 진홍토끼풀에는 꿀벌이 찾아간다. 토끼풀 종류의 꽃들은 무리 지어 피는데, 종류에 따라 꽃들이 구형 또는 원추형으로 무리 지어 핀다. 꽃은 갈래꽃으로 꽃잎 5장으로 이루어져 있으며, 꽃잎 전체를 꽃부리라고 부른다. 꽃잎 5장에는 서로 다른 이름이 붙어 있는데, 맨 위에 달리는 꽃잎을 깃발처럼 생겼다고 해서 기판, 그 아래쪽에 달리는 꽃잎 2장을 날개처럼 생겼다고 해서 익판, 그리고 맨 아래쪽에 달리는 꽃잎 2장을 배의 용머리처럼 생겼다고 해서 용골판이라고 부른다. 토끼풀 종류의 꽃에서는 용골판이 서로 맞닿아 있어, 얼핏 보면 하나의 대롱처럼 보이는데, 이 안에 수술과 암술, 그리고 꿀샘이 있다.

붉은토끼풀의 경우 꽃들이 구형으로 무리 지어 피며 꽃부리

---

23 다윈, 찰스(신현철 역주). 2019. 종의 기원 톺아보기. p.136.

의 길이가 12~15mm인 반면, 진홍토끼풀의 경우 꽃들이 원추형으로 무리 지어 피며 꽃부리의 길이는 10~13mm 정도이다. 또한 뒤영벌의 주둥이는 길이가 8~10mm인 반면, 꿀벌의 주둥이는 5mm 정도이다. 그러므로 주둥이 길이가 짧은 꿀벌은 꽃부리의 길이가 짧은 진홍토끼풀에서, 주둥이 길이가 긴 뒤영벌은 꽃부리의 길이가 긴 붉은토끼풀에서 꽃꿀을 먹기가 편할 것이다. 실제로도 붉은토끼풀에는 뒤영벌이, 진홍토끼풀에는 꿀벌이 찾아간다. 따라서 어떤 지역에 붉은토끼풀과 진홍토끼풀이 둘 다 자라고, 뒤영벌과 꿀벌이 있다면 아무런 문제가 없을 것이다. 그러나 이 중 하나가 사라지면, 예를 들어 뒤영벌이 사라진다면 붉은토끼풀에서는 꽃가루받이가 일어나지 않게 될 것이므로 자신의 삶을 영위할 수가 없게 될 것이다. 붉은토끼풀이 생존하기 위해서는 꽃부리의 길이를 짧게 하거나 닫혀 있는 용골판을 조금 더 벌려 꿀벌이 찾아와 꽃꿀을 먹을 수 있도록 해야만 할 것이다.

자연선택은 유리한 변이를 지닌 생물을 살아남게 한다. 이때 유리한 변이란 앞 사례에서 살펴보듯이 상대적일 수밖에 없다. 따라서 생물은 자신이 지닌 변이에 들어맞는 또 다른 생물과 적절한 관계를 맺어야만 한다. 그런 관계를 맺은 생물은 자연선택되나, 그렇지 못하면 사라지게 되는 것이다. 꽃부리 길이에서 나타나는 변이가 길다고 해서 유리하다고, 또는 짧다고 해서 불리하다고 말할 수 없는 것이다.

다윈의 식물들

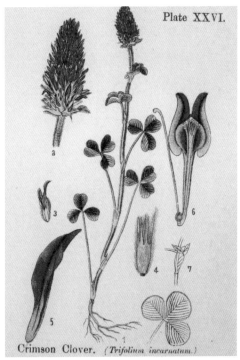

붉은토끼풀(*Trifolium mediom*)과 진홍토끼풀(*T. incarnatum*). 오토 빌헬름 토메의
『독일, 오스트리아와 스위스의 식물상』(1885)과 W. F. 커비의 『영국의 꽃식물』(1906)에
수록된 그림

자연선택의 결과는 생물이 여러 종류로 분화하는 결과로 이어진다. 아마도 토끼풀 종류들이 다양한 길이의 꽃부리를 만들었을 것이나, 길게 만들었던 종류들은 뒤영벌의 도움을 받았고, 짧게 만들었던 종류들은 꿀벌의 도움을 받아, 지속적으로 이런 관계를 유지하면서 꽃부리를 길게 만든 붉은토끼풀과 짧게 만든 진홍토끼풀로 나누어졌을 것이다. 다윈은 이처럼 형질이 두 갈래 또는 여러 갈래로 나누어진 현상을 형질분기라 했으며, 『종의 기원』에 유일하게 있는 그림인 모식도로 형질분기를 설명했다.

6

◇◇◇◇◇◇

꽃 피는 식물의 급속한 진화를 설명하지 못하다

생물에서 나타나는 변이는 생존을 위해 몸부림치는 과정에서 생존에 유리한 변이가 살아남아 자손을 남기게 되고, 이러한 과정이 수없이 반복되는 자연선택을 통해 새로운 종이 만들어진다. 아주 편하게 '수없이 반복되는'이라고 표현은 하지만, 그 기간은 얼마나 될까? 다윈은 『종의 기원』에서 "새로운 종은 아주 서서히, 하나씩 하나씩, 육지와 물에서 나타난다"[24]라고 주장했으며 동시에 "다른 속이나 다른 강에 속하는 종들은 같은 속도로 또는 같은 정도로 변하지 않는다"[25]라고도 했다. 한 공통조상에서 새로운 종이 만들어지는 자연선택 과정은 아주 서서히

---

24 다윈, 찰스(신현철 역주). 2019. 종의 기원 톺아보기. p.409.

25 다윈, 찰스. 같은 책. p.410.

진행되며, 공통조상이 다르면, 즉 여러 공통조상에서 각각 새로운 종이 만들어질 경우에는 진화의 속도가 서로 다를 수도 있다는 설명이다.

또한 다윈은 "만일 같은 속이나 과에 속하는 수많은 종들이 생물계로 한꺼번에 동시에 들어왔다면, 이 사실은 자연선택으로 친연관계가 서서히 변형되었다는 이론에 치명적일 것이다. 유형들이 한 무리로 발달하기 위해서는, 한 조상에서 유래한 유형들 모두가 매우 느린 과정을 거쳐야만 하며, 조상들은 자신들의 변형된 자손들이 나올 때까지 오랜 세월을 살아야만 한다"[26] 라고 주장했다. 친연관계가 서서히 변형되는 과정이 바로 생물이 진화하는 과정이라는 설명이다. 친연관계란 부모와 자식 간의 관계를 의미한다. 이 관계가 서서히 변형된다는 말은 부모와 자식 간의 관계가 지속적으로 유지되지만, 이 관계가 지속되면서 자식에게 변이가 나타나 부모와는 조금씩 달라졌다는, 즉 진화가 일어났다는 의미이다. 그리고 같은 속이나 과에 속하는 수많은 종들이란 하나의 공통부모에서 만들어진 수많은 종들이라는 의미이다. 다윈이 새로운 종은 아주 서서히 만들어진다고 주장했기에, 한꺼번에 동시에 만들어졌다는 증거가 발견되면, 자신의 이론은 아무런 의미가 없다고 설명한 것이다.

---

26 다윈, 찰스(신현철 역주). 2019. 종의 기원 톺아보기. p.398.

그런데 다윈은 "유럽 누층에서 종 전체 무리가 돌발적으로 나타나는 방식, 즉 실루리아기층 아래에는 지금까지 알려진 바에 따라 화석 누층이 거의 없다는 점은 의심할 여지없이 가장 심각한 속성"[27]임은 틀림없지만 "자연은 지질학적 기록을 불완전하게 기록한 역사이며, 변하는 방언으로 쓰인 역사"[28]라고 설명하면서 지질학적 기록이 완벽하지 못하므로 때로는 종 무리가 돌발적으로 나타난 것처럼 보일 수도 있다고 설명했다. 그럼에도 불구하고 다윈은 자신의 주변에서 흔히 볼 수 있는 꽃 피는 식물의 기원에 대해서는 『종의 기원』에서 전혀 언급하지 않았다. 꽃 피는 식물의 화석이 백악기에, 그 이전의 트라이아스기나 쥐라기 지층에서는 전혀 발견되지 않다가, 갑자기 나타난 현상에 대해서는 설명하지 않은 것이다. 다윈이 1837년부터 쓰기 시작한 『종 변형 공책 B』에 "브롱니아르(Alexandre Brongniart, 1770~1847). 석탄층에 쌍떡잎식물은 없으나 외떡잎식물은 극히 조금 있다?(p.320) 오스트레일리아에서 과거에 흔하게 나타난 은화식물을 정확하게 살펴보자!(p.320) 솔방울 구조가 관다발 또는 (이전부터 살았던) 은화식물[29]과 제3기[30]에 처음 출현한 쌍떡잎식

---

27 다윈, 찰스. 같은 책. p.407.
28 다윈, 찰스. 같은 책. p.408.
29 씨앗을 만들지 않고 홀씨로 번식하는 식물들을 지칭한다. 오늘날에는 꽃을 만들지 않는 식물을 지칭한다. 따라서 소나무는 오늘날에는 은화식물이지만, 다윈 시대에는 꽃을 피우는 식물인 현화식물로 간주되었다.
30 지금부터 6,500만 년 전부터 200만 년 전까지의 기간을 말한다. 포유동물과 쌍떡잎식물이 번성하고 지각의 변동이 심하였다. 최근에는 이 용어를 사용하지 않는다.

물의(p.321) 중간단계일까?"[31]라고 기록했음에도, 꽃 피는 식물의 기원이나 진화에 대해서 『종의 기원』에서 왜 언급하지 않았을까?

몇 가지로 추정할 수 있을 것 같다. 첫번째는 다윈 시대에 꽃 피는 식물을 어떻게 정의했는가라는 점이다. 『종의 기원』에도 나오는 당시 영국 식물분류학자인 벤담이 1858년에 쓴 『영국 식물 안내서』에는 겉씨식물이 꽃 피는 식물의 한 무리인 쌍떡잎식물에 속하는 것으로 설명되어 있다. 또한 후커가 1854년 6월 29일 다윈에게 보낸 편지에서는 "저는 소나무 종류를 순수한 쌍떡잎식물로 간주합니다"라고 했고, 1859년 3월 9일에 보낸 편지에서는 "현화식물은 일차적으로 외떡잎식물과 쌍떡잎식물로 구분하는데, 이 둘은 명확하게 구분됩니다. (중략) 쌍떡잎식물은 일차적으로 생식 과정에 따라 속씨식물과 겉씨식물로 구분됩니다"라고 설명했다. 다윈도 이런 구분을 받아들였을 것으로 추정된다. 물론 이런 구분은 오늘날과는 상당히 다르다. 오늘날에는 현화식물을 꽃이 피는 식물로 간주하며, 쌍떡잎식물과 외떡잎식물이 여기에 포함될 뿐, 소나무와 같은 겉씨식물은 포함되지 않는다. 따라서 쌍떡잎식물에 겉씨식물을 포함시키지

---

31 Darwin, C.R. Notebook B: [Transmutation of species (1837-1838)]. CUL-DAR121. p.150. 브롱니아르가 1838년 강의한 내용을 정리한 기록이 있었는데, 이 기록을 헨슬로 교수가 가지고 있었던 것으로 알려졌다. 그리고 헨슬로 교수가 자신의 사위인 후커에게 보냈을 것으로 추정하고 있다.

다윈의 식물들

도 않는다. 다윈이 이런 구분을 받아들였다면, 백악기에 갑자기 나타난 꽃 피는 식물의 화석을 어떻게 해석해야만 했을까? 보다 근본적으로 다윈은 꽃 피는 식물을 어떻게 정의했을까? 다윈이 쓴 수많은 편지 어딘가에 꽃 피는 식물에 대한 정의가 있을까? 궁금할 뿐이다. 꽃 피는 식물에 겉씨식물을 포함할 경우, 겉씨식물의 화석은 백악기 이전 지층에서도 많이 발견되기에 꽃 피는 식물의 진화 과정을 다윈이 어떻게든 설명할 수도 있었을 것이다.

두번째는 꽃이 피는 식물로 한정한다고 해도 문제가 있는데, 꽃이 실제로 화석으로 만들어질 수 없다는 점이다. 꽃이라는 부분이 동물의 외골격이나 내골격처럼 단단하지 않으므로 화석으로 만들어지지 않을 것이다. 단지 일부 열매나 씨앗, 그리고 꽃가루가 화석으로 남을 가능성이 높다. 이 중 꽃가루 화석에 대한 연구는 다윈 이후에 시작되었으므로, 다윈은 알 수 없었을 것이다. 게다가 열매와 씨앗의 경우도 화석 상태에서 정확하게 파악하기가 어려운데, 특히 씨앗의 경우는 꽃 피는 식물의 씨앗인지 겉씨식물의 씨앗인지 명확하게 구분하기가 어렵다. 실제로 다윈 시대 이후에 발견되어 꽃 피는 식물로 간주되었던 화석 중 상당수가 최근 겉씨식물의 화석으로 밝혀졌다(Herendeen et al., 2017).

세번째는 꽃 피는 식물이 어디에서 만들어졌는지 모호하다는 점이다. 한 무리의 생물의 조상은 한 장소에서 만들어져 이 장소로부터 멀리 퍼져나가면서 새로운 종으로 진화하게 된다고 설명했던 다윈은 『종의 기원』에서 "같은 속에 속하는 몇몇 종들은, 비록 세계에서 가장 멀리 떨어진 곳에서 살아갈지라도, 같은 조상으로부터 유래했기 때문에, 반드시 같은 시작점에서 처음 출발해야만 한다. (중략) 명확하게 구분되는 부모로부터 완전히 똑같은 개체들이 자연선택으로 만들어졌다고 하는 것은 믿을 수 없다"[32]라고 주장했다. 다윈이 말하는 시작점은 오늘날에도 정확하게 알려져 있지 않다.

이런 문제들을 다윈은 어떻게 풀어냈을까? 공책에 아주 조금 기록된 브롱니아르가 말했던 내용만으로 다윈이 꽃 피는 식물의 기원에 대해 궁리했다고 말하기는 어려울 수도 있다. 하지만 다윈은 자신이 『종의 기원』에서 설명했던 내용과는 상반되는 꽃 피는 식물의 다양성 때문에 당황했을 것으로 보인다. 갑작스런 진화는 일어나지 않는다고 했는데, 꽃 피는 식물이 백악기에 갑자기 나타난 것처럼 보이며, 시작점이 어디엔가 있어야만 하는데 그 시작점도 알지 못하겠으니, 다윈은 당황을 넘어 미쳐버리지 않았을까?

추측에 불과하지만, 이러저러한 이유로 인해 다윈은 『종의

---

32 다윈, 찰스(신현철 역주). 2019. 종의 기원 톺아보기. p.460.

기원』에서 흔히 볼 수 있는 꽃 피는 식물의 기원과 진화에 대해서는 언급하지 않았던 것이다. 그렇다고 천하의 다윈이 이 부분을 궁리하지 않았을까? 『종의 기원』을 출판하기 전까지 다윈은 대부분 동물과 광물에 관한 책과 논문을 발표했을 뿐이며 식물에 관한 책은 없고 글만 10여 편 발표했다. 하지만 『종의 기원』 출판 이후에는 동물과 광물에 관한 책 7권과 글 60여 편을 발표했을 뿐만 아니라 식물에 관한 책 6권과 글 50여 편도 발표했다. 『종의 기원』 출판 이후 무엇이 다윈으로 하여금 식물과 관련된 책과 글을 발표하게 만들었을까? 주변에서 흔히 볼 수 있는 꽃 피는 식물의 기원과 진화에 대해 『종의 기원』에서 논의하지 못했다는 마음 때문에 이러한 작업을 한 것은 아닐까?

IV부

✕✕✕✕✕✕

다시 식물과 친구가 된 다윈
(1860~1880)

1

◇◇◇◇◇◇

다시 식물과 친구가 되다

다윈은 『종의 기원』을 출간했다. 이 책은 다윈이 감당하기에는 반응이 너무나 뜨거웠다. 책 판매를 시작하는 날인 1859년 11월 22일에는 출판하려고 했던 1,250부보다 더 많은 예약 주문이 들어왔다. 12월 9일 2쇄로 3,000부를 찍기로 했고, 1860년 1월 7일 인쇄되었다. 동시에 여기저기에서 반론이 제기되었고, 다윈의 지지자들은 방어에 나섰다. 전쟁이 시작된 것이다. 첫 전쟁은 1860년 7월 30일 옥스퍼드 대학교에서 발발했다. 영국 국교회 주교인 새뮤얼 윌버포스(Samuel Wilberforce, 1805~1873)가 첫 포문을 열었고, 헉슬리(Thomas Henry Huxley, 1825~1895)가 받아쳤다. 윌버포스가 질문했다.

"헉슬리 씨, 한 가지 궁금한 것이 있소. 당신은 원숭이를 조상으로 믿는 모양인데, 그렇다면 그 원숭이는 당신의 할아버지 쪽입니까, 아니면 할머니 쪽입니까? 진화론은 하나님의 가르침을 거역하는 못된 궤변입니다."

헉슬리가 윌버포스의 질문에 답을 했다.

"윌버포스 주교님, 조상이 원숭이라는 것이 그렇게 부끄러운 일입니까? 그보다도 과학에 대해서 알지도 못하면서 무식하게 고집만 부리는 인간을 조상으로 가진 쪽이 훨씬 더 부끄러울 것 같은데요. 제가 생각하기에 윌버포스 주교께서는 『종의 기원』을 한 쪽도 읽어보지 않으신 것 같습니다. (중략) 저는 자신의 지적 재능을 거짓을 옹호하는 데 사용하는 주교님 같은 인간을 조상으로 삼느니 차라리 보잘것없는 원숭이를 조상으로 삼겠습니다."[1]

할머니가 원숭이라는 얘기를 거론하는 것은 여성성을 신성하게 생각하는 빅토리아 시대의 감수성을 자극하는 다소 위험한 공격 방법이다. 여성 또는 처녀는 교회를 상징했고, 순결함은 더러운 진화론자들에 대항하는 개념이었던 것이다.[2] 그럼에

---

1 윌버포스와 헉슬리와의 문답을 정확하게 기록한 자료는 없는 것으로 알려져 있다. 책이나 논문을 쓰면서 저자의 생각에 따라 다르게 표현되고 있다. 이 책에 수록한 문답은 자료들을 근거로 재구성한 것이다.
2 데스먼드, 에이드리언과 무어, 제임스(김명주 역). 2012. 다윈 평전. pp.826-827.

도 윌버포스가 '할머니'를 이용해서 다윈을 공격했고, 헉슬리는 더 심하게 반박했다. 그렇게 첫번째 전쟁은 끝났다.

이후부터 쿠데타 세력들은 서서히 자신들의 영역을 넓혀 나 갔다. 그러나 다윈은 그 자리에 없었다. 한 걸음 뒤로 물러나 구경꾼 역할을 했을 뿐이다. 몸도 아팠고, 『종의 기원』에 대한 반론도 그를 매우 힘들게 했기 때문이다. 그래서 그해 여름 다윈은 가족과 함께 서식스 하트필드에서 휴식을 취하고 있었다. 아니 휴식이 아니라 난초와 식충식물을 관찰하고 있었다.[3] 후일 부인 엠마가 이런 다윈의 모습을 보면서 "연구를 하지 못해 죽느니, 차라리 연구하다 죽게 내버려 두겠다"[4]라고 말했을 정도로 다윈은 식물에 푹 빠져 있었다고 한다.

『종의 기원』 발간을 위해 모든 힘을 쏟아부었던 다윈은 한숨을 돌린 뒤, 1860년 4월부터는 관심을 식물에게로 돌렸다. 같은 종의 식물에서 두 가지 이상 다른 형태의 꽃이 나타나는 다형현상[5]을 규명해보려고 했다.[6] 다윈은 이 연구 주제를 이미

3 코스타, 제임스(박선영 역). 2019. 다윈의 실험실. p.403.
4 데스먼드, 에이드리언과 무어, 제임스(김명주 역). 2012. 다윈 평전. pp.1066-1067.
5 대표적인 식물로 개나리를 들 수 있다. 개나리는 암술이 길고 수술이 짧은 꽃과 이와는 반대로 암술이 짧고 수술이 긴 꽃, 두 종류의 꽃을 만든다. 열매를 맺고 씨앗이 만들어지기 위해서는 짧은 수술에 있는 꽃가루가 짧은 암술로, 긴 수술에 있는 꽃가루가 긴 암술로 전달되어야만 한다. 그러나 우리 주변에서 흔히 볼 수 있는 개나리는 한 종류의 꽃만 피어서 열매를 거의 맺지 않는다.
6 코스타, 제임스. 같은 책. p.324.

다윈의 식물들

1840년대부터 구상했었다. 또한 5월에는 집 근처에 있는 샌드워크라고 부르는 산책길에서 난초 종류의 꽃이 활짝 피어 있는 모습을 본 후, 난초의 수정에 미치는 곤충의 영향도 조사해보려고 했다.[7] 물론 이 주제도 1840년대에 작성한 "질문과 실험" 12쪽에 "곤충을 닮은 난초속(Orchis)[8]과 관련해서 브라운의 이론에 접근해보자"라고 쓰여 있으며, 15쪽에는 "(42) 난초류는 어떻게 수정될까, 많은 양의 꽃가루가 반드시 있어야만 하나? 브라운의 논문"이라고 쓰여 있다. 다윈은 1840년대부터 난초의 수정 실험과 발아율 조사를 간간이 해왔다.[9]

게다가 휴가를 보내던 1860년 여름에, 마치 동물처럼 곤충을 잡아먹고 살아가는 식충식물인 *끈끈이주걱*을 발견한 다윈은 이 식물에 푹 빠져버려 악마의 실험을 시도하게 된다. 끈끈이주걱에 동물을 마취하는 데 사용하는 클로로포름을 사용해 본 것이다.[10] 끈끈이주걱에 클로로포름을 사용한 것은 어떤 의미였을까? 식물임이 너무나도 뚜렷한 끈끈이주걱을 혹시나 동물로 간주했던 것은 아닐까? 어찌되었든 1840년대부터 마음에 두었던 식물과 관련된 연구를 동시다발로 진행하겠다고 생각했던 것

---

7 코스타, 제임스. 같은 책. p.358.

8 *Ophrys insectifera* 또는 이 속에 속하는 난초류를 지칭하는 것으로 보인다. 이 종을 한때 *Orchis insectifera*로 부르기도 했다.

9 코스타, 제임스. 같은 책. p.352.

10 데스먼드, 에이드리언과 무어, 제임스. 같은 책. p.831.

같다. 그때까지 하고 싶었던 연구도 못하고, 후커의 공격을 막아내기 위한 연구와 『위대한 책』 그리고 『종의 기원』 집필 등으로 차일피일 미루고 있었던 것이기에, 식물에만 관심을 가져도 될 것 같아 식물과 관련된 다양한 조사와 실험에 집중하게 되었을 것이다.

다윈은 1862년부터 1880년까지 식물에 관한 책 6권을 썼다. 1862년에는 난초의 수정, 1865년에는 덩굴식물에 대한 책을 발표했고, 10년 뒤인 1875년에는 식충식물, 1876년에는 타가수정과 자가수정, 1877년에는 꽃의 이형성, 그리고 1880년에는 식물의 운동성과 관련된 책을 발표했다. 중간에 10년이라는 기간 동안에는 『종의 기원』에서 미처 논의하지 못한 내용을 모아서 발표했는데, 1868년에는 생육 상태에서 나타나는 변이, 1871년에는 인간의 친연관계, 그리고 1872년에는 감정의 표현과 관련해서 책을 썼다. 그렇다면, 식물과 관련된 책들은 어떤 의미일까?

2

◇◇◇◇◇◇

난초로 측면 공격에 나서다

다윈은 1862년 5월 15일 식물과 관련된 책을 처음으로 출간했다. 구상만 해 왔던 식물 연구에 푹 빠졌던 다윈이 첫번째 작품을 만든 것이다. 바로 『영국과 외국에서 자라는 난초가 곤충에 의해 수정되는 데 관여하는 다양한 장치들과 상호교배의 이점들』[11]이라는 제목이 다소 긴 책이다. 제목이 너무 길어 흔히 『난초의 수정』이라고 줄여서 부른다. 『종의 기원』에서도 곤충과 난초의 수정의 관계가 언급되어 있으나, 다음과 같이 아주 간단하다.

1) 우리가 심는 난초과 식물들의 경우, 화분괴를 떨어뜨리고 수

---

11 2판을 발간할 때에는 제목이 『곤충에 의해 수정되는 난초의 다양한 장치』로 줄어들었다.

정하기 위해서는 나방의 방문이 절대적으로 필요하다.[12]

2) 식물에서 실례를 들자면, 난초속(*Orchis*)과 털풍선초속
(*Asclepias*) 식물에는 꽃가루를 덩어리로 만드는 아주 기묘한
장치가 있는데, 이 장치는 끝에 점액질 밀선이 있는 자루에
달린다.[13]

3) 우리가 난초과 식물들을 비롯하여 많은 식물들의 꽃에서 곤
충 매개자들이 수정할 때 이용한 몇 가지 교묘한 장치들을
칭찬한다면,[14] … (생략)

『종의 기원』이 출판되기 10여 년 전부터 난초에 관심이 많
아 수시로 조사를 진행했던 다윈이 『종의 기원』에서 난초의 수
정과 관련된 내용을 그다지 많이 언급하지는 않았다. 그래서였
을까? 『종의 기원』 2쇄를 인쇄하고 조금 지난 1860년 4월 말
경에 후커와 곤충의 수분매개에 대해 편지를 주고받으면서 꿀
벌난초에 대한 이야기도 나누었고, 5월에는 난초의 수분과 관련
된 실험을 샌드워크에서 수행했으며, 6월 9일자 『정원사 신문』
을 통해 "꿀벌난초가 꽤 흔한 곳에서 사시는 분들에게 부탁하고
자 하는데, 선생님들께서 이들이 어떻게 수정되는지 간단하게
나마 관찰해주시면 고맙겠다"(Darwin, 1860)라고 사람들에게 도
움을 청하는 글도 발표했다. 이 글에서 다윈은 그때까지 조사했

---

12 다윈, 찰스(신현철 역주). 2019. 종의 기원 톺아보기. p.109.
13 다윈, 찰스. 같은 책. p.262.
14 다윈, 찰스. 같은 책. p.273.

다윈의 식물들

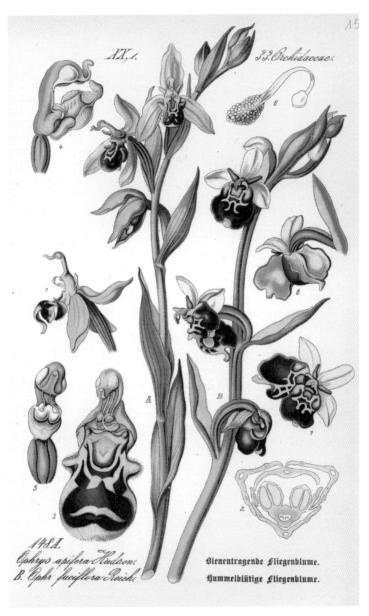

꿀벌난초(*Ophrys apifera*). 독일의 식물학자이자 식물화가 오토 빌헬름 토메의 『독일, 오스트리아와 스위스의 식물상』(1885)에 수록된 그림

던 결과를 발표했다. 물론 자신이 그때까지 확인한 내용도 소개했는데, "이제부터는 꿀벌난초(*Ophrys apifera*)라는 아주 다른 사례를 설명하고자 합니다. 이 난초의 꽃가루 덩어리(화분괴)는 (가늘고 길며 유연한 줄기로) 끈적끈적한 분비선에 달려 있는데, 앞에서 설명한 다른 난초들과 달리 자연스럽게 주머니 밖으로 빠져나옵니다. 그러다 어느 정도 적당한 길이가 되면 (아랫부분이) 분비선에 매달린 상태에서 꽃가루 덩어리를 암술머리 표면에 떨어뜨려 자가수정을 합니다"라고 설명했다. 여기저기에서 연락이왔다. 또 한 번 집단지성이 발휘되었다.

드디어 1862년 5월 15일에 다윈은 『종의 기원』에서 충분하게 설명하지 못한 난초 종류의 수정 과정을 보다 상세하게 다룬 『난초의 수정』을 출판했다. 『난초의 수정』 서문에 "이 책의 목적은 난초가 수정하는 데 도움이 되는 장치들을 보여주고자 한다. 이 장치들은 아주 다양하게 변해 있을 뿐만 아니라 동물계에서 볼 수 있는 가장 아름다운 그 어떤 적응처럼 거의 완벽하다. 또한 이들 장치가 꽃 하나하나의 수정이라는 중요한 목적을 지니고 있음도 보여주려고 한다. 『종의 기원』에서 나는 한 생물체가 이따금씩 다른 개체와 교배하는 것이 필요하다는 명백한 자연의 법칙에 대한 내 믿음의 보편적 이유만을 제시했는데, 거의 같은 의미로, 그 어떤 양성화(兩性花)도 세대를 영원히 지속하려고 자가수정을 하지는 않는다는 점을 보여주려고 한다. 내가 이러한 학설을 주장하면서 충분한 사실들을 제공하지 않아 비난을 받았는데, 그 책에는 충분한 공간을 확보할 수 없었기 때문이다. 나는 상세한 증거들 없이 논의하지 않았다는 점을 분명히 말하고자 한다"(Darwin, 1862a)라고 자신의 불편했던 마음속 생각을 드러냈다.

　『종의 기원』에서 충분하게 다루지 않은 내용이 『난초의 수정』에서 상세하게 다뤄지는 실례를 들어보자. 『종의 기원』에는 "모노칸투스속(Monochanthus), 미안투스속(Myanthus) 그리고 카타세튬속(Catasetum) 난초 유형들은 한때 세 종류의 뚜렷하게 구분되는 속으로 간주되었으나, 같은 수상꽃차례를 만드는 것으로 알려지면서 곧바로 하나의 종으로 간주되었다"[15]라고 아주 간단하게 설명되어 있다. 이 내용을 『난초의 수정』 246쪽에서 비교적 자세히 설명했다. 즉, 미안투스속 개체들은 양성화를 지니며, 카타세튬속 개체들은 수꽃만 피며, 모나칸투스속(Monachanthus) 개체들은 암꽃만 달리는 특징을 지니고 있어 이 3개의 속을 하나의 속으로 묶었다고 설명했다. 덧붙여서, 암꽃만 달리는 모나칸투스속의 꽃에 있는 수술 부위는 상당히 퇴화하고 있어서 화분괴(pollen mass)는 특히 흔적으로만 존재한다고 설명했다. 또한 수꽃만 달리는 카타세튬속의 꽃에 있는 씨방은 다른 난초 종류들에 비해 길이가 짧고 표면이 매끄러우며 폭은 좁고 암술머리가 끈적거리지 않아서 씨가 맺히지 않으므로 암

15　다윈, 찰스(신현철 역주). 2019. 종의 기원 톺아보기. p.552.

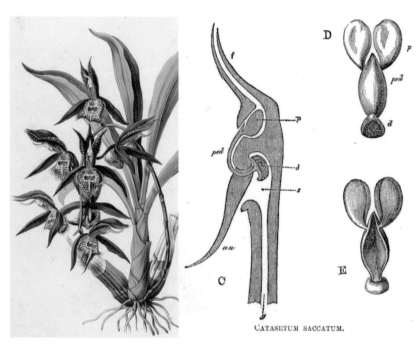

CATASETUM SACCATUM.

카타세툼(*Catasetum saccatum*)의 꽃가루 방출 과정. 찰스 다윈의 『난초의 수정』 1877년 판에 있는 그림술 부위가 흔적으로만 존재한다고 설명했다. 오늘날에는 이 3속을 대표하는 이름으로 카타세툼속을 쓰고 있다.

　다윈은 『난초의 수정』에서 25종류의 난초를 대표적으로 선정해서 80여 종의 다양한 난초 식물들을 다뤘다. 식물 하나하나에 대한 설명에 앞서 난초 종류의 꽃들이 보여주는 엄청난 다양성을 그림과 함께 설명했는데, 난초 종류의 꽃은 너무나 다양해서 식물분류학을 전공한 사람일지라도 이해가 잘 되지 않는 부위이다. 실제로 오늘날 난초과(Orchidaceae)에는 800여 개 속에 24,000여 종이 포함되어 있는 것으로 알려져 있다. 꽃들이 얼마나 다양하게 피는 것일까? 다윈은 '왜 다양해졌는가?'라는 질문을 던지면서 동시에 '이들 꽃에 공통점이 왜 존재하는가?'라는 질문도 했다. 이러한 질문에 대해서 다윈은 『난초의 수정』 287쪽에서 "어떤 생물체나 생물 무리들이 보여주는 상동성은 이들을 가능하게 만들었던 발생학적 발달 과정을 추적하거나 흔적 상태로 존재하는 기관을 발견하면 확실하게 파악될 것이다. 또한 생물체들의 오랜 역사에 걸친 한 생물에서 또 다른 생물로의 사소한 이행단계를 두 부분 또는 두 기관이 서로 매우 다른 기능을 수행할 때까지 추적하면, 서로 매우 다른 생물체들을 짧은 고리의 연속성으로 묶을 수 있을 것"이라고 답을 했다. 서로 매우 다른 난초 종류의 꽃들일지라도 이들의 기원을 파악하다 보면 이들이 서로서로 연결되어 있음을, 또는 기본적으로 꽃의 같은 부위가 다양하게 변형되었음을 알 수 있다는 설명이다. 따라서 종이 하나하나 창조되었다고 간주한다면, 이러한 연결이나 변형을 생각조차 할 수 없을 것이라는 다윈의 주장이다.

또한 다윈은 "난초 꽃에 왜 흔적으로만 남아 있는 부위가 존재하는가"라는 질문에 대해 『종의 기원』에서 "같은 종에 속하는 식물이라도 꽃잎이 단지 흔적으로만 나타나기도 하고, 때로는 잘 발달된 상태로 나타난다. 성이 분리된 식물의 수꽃에서는 암술이 때로 흔적으로 나타난다. 쾰로이터는 이러한 수꽃 식물을 암수한그루인 종과 교배시켜서 잡종 자손에서 암술의 흔적이 상당히 커짐을 발견했다. 그리고 이러한 점은 흔적으로 남은 암술과 완벽한 암술이 근본적으로 닮은 속성을 지니고 있기 때문"[16]이라고 답을 했다. 다윈 시대 사람들은 이러한 흔적 기관이나 부위는 "'대칭성을 위하여' 또는 '자연의 설계를 완성하기 위하여'"[17] 존재하는 것으로, 즉 신이 만든 작품으로 간주하고 있었다. 다윈은 이런 사람들에게 난초에서 볼 수 있는 흔적 부위가 대칭성이나 자연의 설계와는 완전히 동떨어진, 특정 부위의 불용이나 선택 과정을 거친, 즉 진화라는 견해에 따라 설명할 수 있다고 『난초의 수정』에서 주장한 것이다.

결국 『난초의 수정』은 다윈이 『종의 기원』에서 상세히 설명

---

16 다윈, 찰스(신현철 역주). 2019. 종의 기원 톺아보기. p.586.
17 다윈, 찰스. 같은 책. p.588.

다윈의 식물들

할 수 없었던 부분, 그래서 어쩔 수 없이 공격 받아야만 했던 부분을 반박하려고 쓴 책으로 평가되었다. 일례로 『난초의 수정』을 읽은 그레이(Asa Gray, 1810~1888)는 1862년 7월 2일 다윈에게 보낸 편지에서 "나는 방금 벤담의 연설을 받아서 읽어보았다네. 그리고 『난초의 수정』에서 시도한 당신의 멋진 측면 공격이 『종의 기원』에 대한 반대를 거의 다 극복한 것 같아 즐겁다네"[18] 라고 응원해주었다. 종이 고정되어 있다고 믿고 있던, 즉 진화를 받아들이지 않던 벤담이 1862년 5월 24일 린네학회에서 다윈이 발간한 『난초의 수정』에 대해 "다윈 씨의 새로운 저서에는 난초의 타가수정에 필요한 뛰어난 장치들이 너무나 자세한 그림으로 제시되어 있는데, 이 저서는 과거에 곤충의 삶에서 관찰된 독특한 자연의 경제[19]를 다룬 모든 책들에 필적할 만한 것이며, 지금까지 이 주제에 전념했던 식물학자들조차도 전혀 생각하지 못한 것이었습니다"라고 칭찬했다. 그러면서 벤담은 "나는 많은 논란거리가 있는 『종의 기원』에 대한 억측들을 언급하지 않으려 합니다. 이 질문에 대한 토의는 반대 가설의 비교타당성을 언급해야만 하는데, 이 학회의 영역을 벗어납니다"[20]라고 연설을 했다. 비록 벤담 자신은 다윈의 진화론을 반대하고 있지만, 반대 가설이 없으므로 학회에서 언급하지 않겠다고 한발 물

---

18 Darwin Correspondence Project, "Letter no. 3637," accessed on 12 January 2021, https://www.darwinproject.ac.uk/letter/DCP-LETT-3637.xml

19 '자연의 경제(economy of nature)'는 오늘날 생태학 또는 생태계를 의미하는데, 생태학이라는 용어는 다윈 이후에 만들어졌다.

20 각주 18의 "Letter no. 3637"과 관련된 주석에 있는 내용이다.

러선 태도를 보였다. 진화론을 반대하는 벤담이 다윈을 공격하지 않고 한발 물러선 것을 보고 그레이가 다윈의 "측면 공격"이 성공했다고 표현한 것이다.

어찌되었든 생물이 진화한다는 다윈의 주장에 반대하던 사람들이 『난초의 수정』을 읽고 반대를 접었는데, 이런 점에서 그레이가 『난초의 수정』을 "측면 공격"이라고 평가한 것이다. 다윈도 7월 23일 그레이에게 "올바르게 못의 머리를 두드리는 목수 중에서 당신이 최고입니다. 아무도 난초 책에 대한 저의 주된 관심이 적에 대한 '측면 공격'이라는 것을 인식하지 못했습니다"라고 답장을 보냈다. 다윈은 자신을 공격하는 사람들에게 난초를 보여주면서, 왜 이렇게 다양하게 되었고, 왜 이런 흔적 부위들이 존재할까라는 질문을 던지며, 그 답으로 생물이 진화한 결과라고 설명한 것이다. 『종의 기원』에 있는 내용이 너무 많아 사람들이 이해하기 힘들었을 것인데, 다윈이 조금은 쉽게 난초를 예로 들어 생물이 진화한다고 설명한 것이다. 사람들과 직접 만나서 토론하는 것도 필요하지만, 다윈은 자신이 지닌 유전병으로 인하여 이를 기피하고 자신만의 독특한 설득 방식을 찾아냄으로써 결과적으로 완벽하게 성공했다.

3

◇◇◇◇◇◇

감각을 지닌 덩굴식물에 푹 빠지다

다윈이 식물과 관련해서 쓴 두번째 책은 『덩굴식물의 운동과 습성』이다. 다윈은 1865년 2월 2일 린네학회에서 「덩굴식물의 운동과 습성」이라는 제목으로 논문을 발표했는데, 이 원고를 같은 해에 발행된 『런던린네학회잡지』 9권에 게재했다. 그런데 이 9권에는 다른 사람들의 논문은 없고 다윈의 논문만 있어, 흔히 이 논문을 단행본으로 출판한 것으로 간주한다.[21] 실제로 1875년에 『종의 기원』을 출판했던 존 머리 출판사에서 이 논문을 단행본으로 인쇄할 때, "2판"이라고 표기하여 다윈 스스로도 이 논문을 단행본으로 여겼던 것으로 추정된다.

---

21 이 논문은 두 종류로 인쇄되었다. 하나는 잡지 형태로, 다른 하나는 판매용으로 인쇄되었다.

다윈이 언제부터 덩굴식물에 대해 관심을 가지고 조사와 연구를 진행했는지는 명확하지가 않다. 그가 기록했던 "질문과 실험" 공책에도 덩굴식물과 관련된 내용은 없다. 단지 다윈이 자서전을 쓰면서 그레이 박사가 1858년에 발표한 「식물 덩굴손의 꼬임에 관한 기록」이라는 논문이 덩굴식물에 대한 관심을 갖게끔 만들었다고 회고했다. 동시에 그레이 박사가 덩굴식물의 씨앗을 보내주어 키우게 되면서 "나는 덩굴손과 줄기가 회전하는 움직임에 너무나 매료되면서도 당혹스러웠는데, 물론 이들의 움직임이 처음에는 아주 복잡하게 보였어도 꽤 단순한 것으로 파악되었으며, 다양한 종류의 덩굴식물을 입수해서 덩굴식물 전반에 대해 연구하게 되었다"[22]라고 회고했다. 덩굴식물에 대해 관심이 별로 없었는데, 그레이 박사의 논문을 읽고 씨앗을 키우면서 관심이 생겼다는 고백이다.

실제로도 다윈은 덩굴식물에 큰 관심이 없었던 것으로 보인다. 『종의 기원』 원고를 쓰기 전까지 썼던 『위대한 책』에도 "기생식물과 덩굴식물은 대부분 어려서부터 기생생활과 덩굴생활을 한다. 그렇지만 새삼속(Cuscuta) 식물들은 땅에서 싹이 나는데 기생생활을 하게 되면서 뿌리가 사라지게 되고, 어떤 떨기나무는 어느 정도 높이까지 성장해야만 덩굴생활을 하게 된다"[23]

---

22 Barlow, N.(ed.) 1958. The autobiography of Charles Darwin 1809-1882. p.129.

23 Stauffer, R.C.(ed.) 1975. Charles Darwin's Natural Selection. p.358.

HUMLE-SILKE, CUSCUTA EUROPÆA.

유럽새삼(*Cuscuta europaea*). 『북유럽 식물상 그림』 1권(1917)에 수록된 그림

IV 부 다시 식물과 친구가 된 다윈(1860~1880)

라고 언급했을 뿐, 덩굴식물에 대한 다른 설명은 없었다. 『종의 기원』에서도 덩굴식물에 대한 언급은 단 한 번 나올 뿐이다.

> 말레이 제도에서 자라는 덩굴야자나무는 가지 끝에 모여 있는 정교한 갈고리를 이용하여 교목의 가장 높은 곳까지 올라간다. 의심할 여지없이 이 장치는 식물에 아주 유용하다. 그러나 덩굴성이 아닌 나무에서도 거의 비슷한 갈고리를 볼 수 있는 것처럼, 이 덩굴야자나무의 갈고리는 성장과 관련된 알려지지 않은 법칙에 따라 만들어졌을 것이며, 지속적인 변형 과정을 거치면서 식물에게 유리하게 작용했을 것이므로 이 식물은 덩굴성이 되었을 것이다.[24]

그러다 다윈은 1876년 『종의 기원』 6판을 출판하면서 '자연선택에 대한 사소한 반대'라는 새로운 장을 추가했고, 추가된 부분인 196쪽에서 198쪽에 걸쳐 덩굴식물을 설명했는데, 『덩굴식물의 운동과 습성』에 있는 내용이었다.

왜 다윈은 그레이 박사의 논문에 매료되고 당혹스러웠을까? 그레이 박사가 쓴 논문을 언제 읽었을까? 그레이 박사가 다윈에게 자신이 쓴 논문을 언제 보냈는지는 확실하지 않다. 단지 1861년 2월 17일 다윈은 그레이에게 "나는 이전에 당신이 발

---

24 다윈, 찰스(신현철 역주). 2019. 종의 기원 톺아보기. p.266.

표한 덩굴손에 관한 매우 흥미로운 관찰 결과를 기억하고 있다"라고 편지를 보냈다. 이 시기에 다윈은 『난초의 수정』 원고를 쓸 뿐만 아니라 식충식물, 꽃의 이형성, 교배 등의 문제를 해결하느라 정신이 없었다.[25] 덩굴식물에 대해 많은 시간을 투자할 수 없는 시기였다. 그러다 한참 지난 1862년 11월 6일 다윈은 그레이에게 "당신이 언급한 덩굴손을 가지고 나도 실험해보려 하는데, 어떤 식물을 화분에 심으면 좋을지 궁금하다"라고 덩굴식물을 연구해보겠다는 자신의 의향을 드러냈고, 다음해 6월 25일에는 후커에게 "어젯밤에 내 책상에 있는 식물을 본 내 이웃인 똑똑한 정원사가 '선생님, 식물을 어디에 놔두든지 상관없이 이 식물은 충분히 가까운 곳에 있는 막대기를 찾는 것 같습니다'라고 말했다네. 나는 그가 말한 것이 식물이 서서히 빙글빙글 돈다는 설명으로 들린다네. 그런데 덩굴손이 어릴 때는 서로를 감지 않는 것으로 보아, 이들이 어떤 감각을 가지고 있는 것 같다네"라고 자신이 관찰한 덩굴식물의 습성을 설명했다. 다윈은 1862년 겨울에서 다음해로 넘어가는 시기에 덩굴식물이 어떤 감각을 가지고 있다는 점에 흥미를 느꼈고, 식물도 동물처럼 감각을 지니고 있을 것이라는 점이 당황스러웠던 것으로 보인다. 어떻게 움직이지도 못하고 시각 기관도 없는 식물이 동물의 눈처럼 움직이는 데 관여하는 감각을 지닐 수 있단 말인가? 이토록 흥미로운 사실은 다윈으로 하여금 본격적으로 덩굴식물을

---

25 코스타, 제임스(박선영 역). 2019. 다윈의 실험실. p.453.

연구하게 만들었다. 아니 몸이 아파 연구보다는 취미로 여러 덩굴식물을 수집하고 관찰할 수밖에 없었다.

다윈은 덩굴식물에 대한 실마리를 찾았다. 1863년 8월 4일 그레이에게 보낸 편지에서 "덩굴손의 자극감수성은 난초에서 볼 수 있는 모든 변형들처럼 기술적으로 매우 훌륭하다"라고 언급했는데, 난초에서 볼 수 있는 모든 변형들은 바로 난초 꽃의 다양성, 즉 난초 종류의 다양성을 의미한다. 난초 종류의 다양성이 공통조상에서 파생되어 나타난 변형을 의미할 뿐 계획된 창조의 흔적이나 증거가 아닌 것처럼, 덩굴식물의 다양한 변형들도 창조의 증거가 아니라 진화의 증거라고 생각한 것이다. 다윈은 움직이고자 하는 욕망을 지닌 덩굴식물을 계속해서 파고들었다. 그리고 그 결과가 1865년 『덩굴식물의 운동과 습성』으로 세상에 나왔다.

다윈은 양치식물인 실고사리속(*Lygodium*) 식물을 포함하여 지중해청미래(*Smilax aspera*) 등 외떡잎식물 4개 과와 벌레잡이풀속(*Nepenthes*) 식물 등 쌍떡잎식물 23개 과에 속하는 덩굴식물을 조사해서(Isnard and Silk, 2009), 이들 덩굴식물을 5개 무리로 구분했다. 첫번째는 나선형으로 지지대를 감으면서 자라는 유형, 두번째는 잎끝을 이용하여 위로 올라가는 유형, 세번째는 잎, 꽃 또는 가지가 변형되어 만들어지는 덩굴손을 이용하는 유형, 네번째는 갈고리를 이용하는 유형, 마지막으로 다섯번째는 잔뿌리를 이용하는 유형이다. 이 유형들 중 네번째와 다섯번째는 특별한 운동 수단이 없다고 간주했기에 3쪽에 걸쳐 아주 간단하게 다루었다. 대신에 첫번째와 두번째, 그리고 세번째 유형을 진정한 덩굴식물로 간주했기에 이 유형들을 중점적으로 자세하게 설명했다. 게다가 다윈은 "이들 유형 거의 대부분이 서로서로 점점 단계적으로 변한다"(Darwin, 1865)라는 의미심장한 설명도 덧붙였다. 여기에서 '점점 단계적으로 변한다'는 의미는 다윈이 구분한 유형들이 명확하게 구분되지 않고 중간단계로 서로 연결된다는 것으로, 『종의 기원』에서 기술한 '생물이 단계적으로 변한다'는 주장을 뒷받침하는 증거로 덩굴식물을 이용할 수 있다는 설명으로 보인다.

다윈이 후커에게 보낸 편지에서 덩굴식물이 "어떤 감각을 가지고 있는 것 같다"라고 언급했지만, 『덩굴식물의 운동과 습성』에서는 '감각'이라는 단어를 사용하지 않았다. 대신 '자극감수성'과 '자극에 민감하다'는 용어를 사용했다. 다윈은 이 책 마지막 부분에서 "식물이 운동 능력을 지니고 있지 않으므로 동물과 구분할 수 있다고 때로 모호하게 주장하기도 하는데, 식물은 자신들에게 유리할 때에만 운동 능력을 습득하고 보여준다. 그러나 식물은 땅에 고정되어 있고 양분을 바람과 비에서 얻기 때문에 운동 능력을 보여주는 경우가 상대적으로 매우 드물 뿐이다. (중략) 아마도 말미잘 종류가 촉수로 움직이듯이 덩굴식물이 덩굴손으로 맨 처음 움직였을 것"(Darwin, 1865)이라고 언급했다.

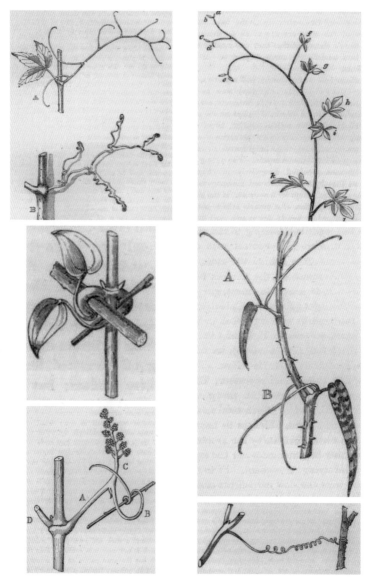

덩굴식물들. (맨 위 왼쪽부터 시계방향으로) 개머루류(*Ampelopsis hederacea*), 현호색류(*Corydalis claviculata*), 청미래덩굴류(*Smilax aspera*), 브리오니아 디오이카(*Bryonia dioica*), 포도나무의 꽃과 덩굴손, 으아리류(*Clematis glandulosa*). 다윈의 『덩굴식물의 운동과 습성』(1865)에 수록된 그림

다윈의 식물들

덩굴식물이 지지대를 찾아서 운동하는 것을 본 다윈이 덩굴식물과 동물과의 연관성을 찾고자 했던 것으로 보인다. 그렇기에 덩굴식물이 '감각'을 가지고 있다고 표현했고 말미잘 종류에 빗대어 설명했을 것이다. 아마도 덩굴식물에서 동물적인 속성을 찾을 수 있다면, 식물과 동물의 공통조상에 대한 단서도 찾을 수 있을 것으로 생각하지 않았을까? 하지만 다윈이 잘못 생각한 것 같다. 오늘날에는 다윈이 사용했던 '감각'이라는 개념을 식물이 어떤 물체와 접촉할 때, 물체와 접촉한 면과 접촉하지 않은 면에 식물호르몬이 서로 다르게 작용해서 나타나는 굴촉성으로 풀이하고 있다.

4

◇◇◇◇◇◇

식충식물이 위도 만들어낸다고 생각하다

다윈이 식물과 관련해서 쓴 세번째 책은 『식충식물』이다. 다윈이 쓴 책 가운데 제목이 제일 간단하다. 이 책은 "1860년 여름 무렵, 나는 서식스 인근의 히스 지역에서 끈끈이주걱(*Drosera rotundifolia*)의 잎에 엄청나게 많은 곤충들이 잡혀 있는 것을 보고 놀랐다. 곤충들이 이처럼 잡히기도 한다고는 들었으나, 이런 것에 대해서 나는 아는 것이 아무것도 없었다"로 시작한다. 그런데 이 책은 1875년에 출간되었다. 이러한 시간적 차이에 대해 다윈은 『찰스 다윈 자서전』에 "그 후 몇 년 동안, 나는 시간 여유가 있을 때마다 식충식물에 대해 실험을 했고, 결국 내 책 『식충식물』은 1875년 7월에 출판되었다. 내가 처음 관찰한 지 16년 만이다. 이처럼 책의 출판이 지연된 것은 내가 출판한 다른 책들과 비슷한데, 나에게는 유리하게 작용했다. 왜냐하면 이처럼 시간이 길어지는 동안 스스로 내 연구에 대해 비평할 수 있을 뿐만 아니라 마치 다른 사람이 쓴 책처럼 비평할 수 있기 때문"[26]이라고 책 발간이 지연된 배경을 밝히고 있다.

그러고 보니 『종의 기원』은 1831년에 시작되어 1835년에 끝난 비글호 항해를 하면서, 아니 마치고 난 후, 생물은 변하는 것이라고 판단한 다윈이 1837년 『종 변형 공책 B』를 쓰기 시작하면서 본격적으로 궁리하여 1859년에 출판되었으니, 생물의 진화에 관한 생각과 마무리에 무려 20여 년이 걸렸다. 이에 비하면 16년은 다윈 입장에서는 아무것도 아니었을 것이다. 단지 『종의 기원』이 출판되고 나서, 3년 뒤인 1862년에 『난초의 수정』을, 그리고 다시 3년이 지난 1865년에 『덩굴식물의 운동과 습성』을 출판한 점에 비추어 볼 때, 다윈은 『식충식물』에 상당한 공을 들였음을 알 수 있다. 물론 이 사이에 다윈이 펑펑 놀고만 있지는 않았다. 『덩굴식물의 운동과 습성』을 발표하고 3년이 지난 1868년에는 『생육 상태에서 나타나는 동식물의 변이』를, 또 3년이 지난 1871년에는 『인류의 친연관계』를, 그리고 그 다음해인 1872년에는 『감정의 표현』이라는 책을 썼다. 다윈에게 쉴 여유가 없었을 것 같다. 그럼에도 다윈은 여유를 내어 틈틈이 식충식물을 조사하고 연구했다.

---

26 Barlow, N.(ed.) 1958. The autobiography of Charles Darwin 1809~1882.
    p.132.

다윈은 『식충식물』과 『찰스 다윈 자서전』에서 1860년에 식충식물을 관찰했다고 기록했으나, 기억에 잠시 혼란이 있었던 것 같다. 이미 1830년에 헨슬로와 같이 식물채집을 다니다가 헨슬로가 무척이나 갖고 싶어 하던 식충식물인 통발류를 어렵사리 채집해 준 경험이 있다.[27] 아주 오래전에 있었던 일이고, 단순히 채집만 했을 뿐 자세하게 관찰하지는 않았던 것으로 보인다. 그러다가 1860년에 가족과 함께 서식스 하트필드에서 휴식을 취하게 되었는데, 산책 도중에 난초와 함께 습지에서 자라고 있던 끈끈이주걱을 발견한 것이다. 아마도 다윈은 이 발견을 식충식물과 처음 접한 것으로 생각했던 모양이다. 어찌되었든, 다윈은 식충식물에서 눈길을 거두지 못했는데, 왜 그랬을까? 부인 엠마가 답을 해주었다. 서식스로 가족 여행을 다녀온 후인 8월 28일, 엠마는 라이엘 부인에게 보낸 편지에서 "그는 지금 끈끈이주걱을 마치 살아 있는 창조물로 간주하고 있는 것 같아요. 제가 볼 때, 그는 끈끈이주걱이 동물임을 증명할 수 있으면 좋겠다고 생각하는 것 같습니다"[28]라고 다윈의 속내를 유추했다.

진짜로 다윈은 끈끈이주걱을 동물로 생각했을까? 다윈은 비글호 탐험을 하면서 관찰했던 산호말을 보며 헨슬로에게 보낸 1834년 7월 24일자 편지에서 "말씀드려야 할 것 가운데 한 가

---

27 데스먼드, 에이드리언과 무어, 제임스(김명주 역). 2012. 다윈 평전. p.145.
28 Litchfield, H.E.(ed.) 1915. Emma Darwin, A century of family letters, 1792-1896. p.177.

다윈의 식물들

끈끈이주걱(*Drosera rotundifolia*). 1901년에 그려진 그림

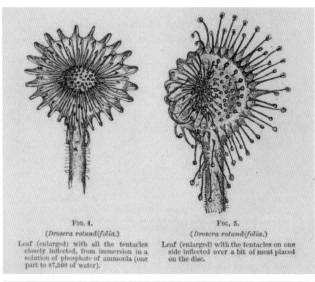

FIG. 4.
(*Drosera rotundifolia.*)
Leaf (enlarged) with all the tentacles
closely inflected, from immersion in a
solution of phosphate of ammonia (one
part to 87,500 of water).

FIG. 5.
(*Drosera rotundifolia.*)
Leaf (enlarged) with the tentacles on one
side inflected over a bit of meat placed
on the disc.

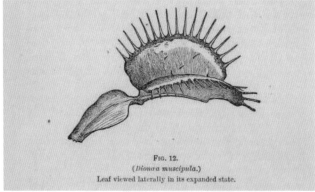

FIG. 12.
(*Dionæa muscipula.*)
Leaf viewed laterally in its expanded state.

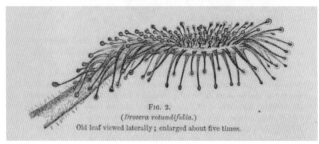

FIG. 2.
(*Drosera rotundifolia.*)
Old leaf viewed laterally; enlarged about five times.

다윈이 1875년에 출간한 『식충식물』에 수록된 끈끈이주걱과 파리지옥 그림

다윈의 식물들

지 놓친 것이 있는데, 가장 애매한 산호말과 관련된 증식 방법입니다. 저는 이들이 식물이 아니라면, 식충류도 아니라고 어느 정도 확신합니다"라고 자신의 생각을 드러냈다. 산호말은 바닷물 속에서 살아가는 홍조식물의 하나이고, 산호는 말미잘과 해파리처럼 촉수를 지닌 동물이며, 산호초는 산호의 석회질 외골격이 쌓여 만들어진 암초이다. 식충류(植蟲類)는 식물을 닮은 동물인데, 요즘에는 사용하지 않는 용어이다. 산호와 산호말은 한군데 달라붙어 살아가는 습성이 비슷하여 혼동되게 불리는데, 다윈도 혼동했던 것 같다. 그런데 문제는 여기에서 그친 것이 아니다. 다윈은 "식충류와 식물 사이에 비슷한 점이 많다고 생각하는데, 폴립은 일종의 꽃봉오리로, 다른 꽃봉오리와 새싹을 다시 틔우는 어린싹과 비슷하다"[29]라고 생각한 것이다. 다윈의 마음속에서 식물과 동물 사이의 구분이 잠시 모호해졌던 것이 아닐까.

곤충을 잡아먹고 살아가는 끈끈이주걱과 같은 식충식물의 발견은 다윈으로 하여금 『종의 기원』에서 언급만 했던 구절을 떠오르게 하지 않았을까? 다윈은 『종의 기원』에서 "대응관계에 근거해서 나는 모든 동식물들이 어떤 하나의 원형에서 유래했다는 믿음으로 한 단계 더 앞으로 나갈 수 있었다"[30]라고 서술

29 코스타, 제임스(박선영 역). 2019. 다윈의 실험실. p.47.
30 다윈, 찰스(신현철 역주). 2019. 종의 기원 톺아보기. p.627.

했는데, 모든 동식물들이 어떤 하나의 원형에서 유래했다는 믿음만 있을 뿐 구체적으로 그 원형에 대해서는 설명하지 못했다. 이랬던 다윈에게 식충식물이 스스로를 동식물의 공통조상이라고 말하지 않았을까? 그래서 다윈은 식충식물에 매료될 수밖에 없었고, 『종의 기원』에 버금가는 긴 세월에 걸쳐 연구에 연구를 거듭했던 것 같다.

이런 마음을 지니고 있었기 때문일까? 다윈은 끈끈이주걱을 채집해서 집으로 가져온 다음, 끈끈이주걱에 클로로포름을 처리했다.[31] 클로로포름은 엠마가 아이를 출산할 때 그 고통을 줄여주려고 처방했던[32] 약품으로 신경계에 영향을 준다. 그는 끈끈이주걱을 진짜로 동물로 간주해서 수면마취제로 사용하기도 했던 클로로포름을 처리했을까? 다윈은 실제로 실험을 해서 결론도 내렸다. 1862년 9월 26일 후커에게 보낸 편지에 "나는 끈끈이주걱이 동물의 신경 물질과 매우 유사하게 생물 조직 사이에서 물질을 확산시키는 것이 확실하다는 견해에 도달했다"라고 실험 결과에 대한 자신의 생각을 밝혔다. 신경조직은 동물에만 있고 식물에는 없는 것으로 알려져 있다. 그럼에도 다윈은 무모하게도 식물에 신경조직이 있을 것이라고 가정했을 뿐만 아니라 끈끈이주걱의 변형된 잎에 달려 있어 곤충을 붙잡아두는 역

31　데스먼드, 에이드리언과 무어, 제임스(김명주 역). 2012. 다윈 평전. p.831.

32　데스먼드, 에이드리언과 무어, 제임스. 같은 책. p.600.

　　　　　　　　　　　　　　다윈의 식물들

할을 하는 털 같은 구조를 동물에서 사용하는 촉수라는 용어로 불렀다.

1875년 출간된 『식충식물』[33]에서 "끈끈이주걱에 클로로포름 증기를 처리하면, 식물의 체질이나 연령에 따라, 또는 지금까지 알려지지 않은 조건들로 인해 결과가 아주 다양하게 나올 것으로 추정되는데, 때로는 촉수가 비정상적으로 빨리 움직였고 때로는 아무런 효과가 없었다. (중략) 식물에 적은 양으로 처리하면 회복되지만, 양이 많아지면 쉽게 죽는다"라고 설명했다. 또한 파리지옥에 대해서는 "잎 한 장이 달려 있는 식물체를 클로로포름이 한 모금(3.745ml) 들어 있는 병에 넣고 솜으로 입구를 봉했더니, 1분 이내에 잎이 감지할 수 없을 정도로 서서히 움직였고, 3분이 지나자 감각모들이 서로 교차되어 잎이 완전히 닫혔다. 하지만 이마저도 과도한 양이어서 2~3시간 내에 잎이 마치 타버린 것처럼 되더니 죽었다"라고 실험 결과를 설명했다. 마치 동물 실험을 했던 것 같다.

그런가 하면 식충식물에게 먹이를 제공한 후 관찰하면서 잎에서 분비되는 물질도 조사했다. 『식충식물』에는 "끈끈이주걱 식물체는 잎 가장자리가 안쪽으로 말리면서 마치 일시적으로 위와 같은 구조를 만드는데, 바싹 조여진 촉수의 분비샘에서는

---

33 Darwin, C.R. 1875. Insectivorous Plants. p.18.

산성 물질을 분비한다. 산성 물질이 동물을 분해하면 분해된 물
질들이 흡수되는데, 마치 동물들이 먹이를 먹는 것과 같다"라고
설명되어 있다. 이 밖에도 다윈은 다양한 곤충들이나 또 다른
먹이를 제공하면서 분비되는 물질을 관찰했다. 그에게 식충식
물은 완전한 동물로 보였던 것 같다. 동물처럼 식충식물이 위도
만들고, 소화효소도 분비하는 것으로 간주했으니!

다윈은 『식충식물』에서 끈끈이주걱 이외에도 6종의 끈끈이
주걱속(*Drosera*) 식물, 파리지옥(*Dionaea muscipula*), 벌레먹이말
(*Aldrovanda vesiculosa*), 벌레잡이제비꽃속(*Pinguicula*) 식물, 통
발속(*Utricularia*) 식물 등 다양한 종류의 식충식물에 대해 설명
했다. 이들 식충식물을 통해서 식물과 동물의 유사점이 더 많기
를 바랐는지는 모르겠으나 다윈은 식물의 반사작용이 동물의
그것과는 생리학적으로 매우 다를 것이라는 사실도 인정했다
고 한다.[34] 오늘날 식충식물 일부가 보여주는 반사작용은 덩굴식
물이 지지대를 감아 올라가는 운동처럼 굴촉성에 기인한 것으
로 보고 있지만, 모든 식충식물들이 끈끈이주걱처럼 굴촉성으
로 곤충을 잡는 것은 아니다. 다윈도 『식충식물』 마지막 부분에
서 설명했듯이, 통발 종류나 벌레잡이풀속(*Nepenthes*), 사라세니
아속(*Sarracenia*), 달링토니아속(*Darlingtonia*) 식물들은 곤충들이
도망가지 못하도록 어떤 구조를 만드는데, 이 구조에 걸린 곤충

---

34 코스타, 제임스(박선영 역). 2019. 다윈의 실험실. p.439.

식충식물들(1. 파리지옥류 2, 5. 끈끈이주걱류 3. 벌레잡이통풀류 4. 벌레잡이제비꽃류 6. 달링토니아 7. 사라세니아류 8. 통발류). 1892년에 발간된 독일 브록하우스의 백과사전에 수록된 그림

들을 소화하는 방식은 끈끈이주걱과 비슷하다고 했다.

이처럼 식충식물이 보여주는 다양한 구조와 방식을 어떻게 설명할 수 있을까? 왜 동물처럼 식충식물도 소화효소로 산성 물질을 분비할까? 식물이나 동물이 같은 산성 물질을 분비하는 것은 이들이 어떤 공통조상의 후손임을 반증하는 증거가 아닐까? 다윈은 식물과 동물의 공통조상을 찾으려고 노력했으나, 그 노력은 일정 부분 실패한 것 같다. 단지 모든 생물들이 하나의 원형에서 출발했다고 믿었기에 다윈은 그 원형을 찾으려고 노력했던 것이다. 그러나 식충식물과 덩굴식물은 꽃 피는 식물이 만들어진 다음 한참을 지나서야 진화한 것으로 알려져 있다. 다윈은 몰랐겠지만.

5

◇◇◇◇◇◇

식물의 튼튼한 자손 만들기에 관심을 가지다

다윈이 식물과 관련해서 쓴 네번째 책은 바로 『식물계에서 타가수정과 자가수정의 결과』로, 줄여서 『타가수정과 자가수정』이라고 부르는데 1876년 여름에 출간되었다. 보통 3년 간격으로 책을 출간했는데, 이 책은 1875년 『식충식물』이 출간되자마자 다음해에 출간되었다. 1875년 3월 『식충식물』을 탈고한 다윈은 『타가수정과 자가수정』을 쓰기 시작해서 이듬해 8월에 마무리했다. 엄청나게 빠르게 쓴 것이다. 어떻게 이렇게 빨리 쓸 수 있었을까? 다윈은 『타가수정과 자가수정』에서 자신이 이 책 또는 이 주제에 대해 지난 37년간 관심을 기울였기에 많은 관찰도 하고 자료도 수집했다고 변명 아닌 변명을 했다. 1857년에 「벌과 신장콩의 수정」(Darwin, 1857)이라는 논문을 『원예가 연보와 농업 신문』이라는 잡지에 발표했고, 1862년에 『난초의 수정』을 출간했는데, 꽃가루받이를 위한 식물의 적응을 주제로 하나의 식물 분류군에 집중해서 연구하는 것이 더 좋을 것이라 판단했으며, 『난초의 수정』에서는 주로 타가수정을 다루었기에 보완할 필요가 있어 『타가수정과 자가수정』을 출간했다고 언급 하며 이 책에 의미를 부여했다.[35]

다윈이 "지난 37년간"이라고 했다. 『타가수정과 자가수정』 이 1876년에 출간되었으니, 37년 전이면 1839년쯤 된다. 실제 로 다윈은 1839년 4월 1일경 원예학자인 허버트에게 자신이 궁 금해 하는 10가지 사항을 문의해 줄 수 있느냐고 부탁하는 편지 를 헨슬로에게 보냈다. "일반적으로 재배하는 두 식물 사이에서, 또는 재배식물과 야생식물(또는 원래의 형질을 유지하고 있는 재배식물) 사이에서 잡종을 만드는 것이 야생하는 두 식물 사이에서 잡종 을 만드는 것보다 더 쉬운가요? 간략히 말해, 일반적으로 재배 에 따라 생성된 변이가 더 쉽게 잡종으로 이어지나요?" 등과 같 은 질문이었다.[36] 또한 1839년 중반부터 쓰기 시작했던 "질문과 실험" 11쪽에 "루피너스, 풍차국, 클로버의 재래종 씨앗을 서로 서로 가깝게 뿌려 실험할 수 있을까? 그리고 이들 사이에 교배 가 일어나는지 살펴보자. 나는 이들이 아주 조그만 곤충의 도움 이 없다면 교배할 수 없을 것이라고 생각해서 이 세 종류 식물의

---

35 Darwin, C.R. 1876. The effects of cross and self fertilisation. p.4.
36 다윈이 보낸 10가지 질문과 허버트의 답변은 부록 4에 있다.

이름을 나열했다"라는 기록도 남겼다. 다윈이 『종의 기원』을 발간할 때까지 20여 년이 걸렸다고 했는데, 『타가수정과 자가수정』은 이보다 더 긴 37년이나 걸렸다. 무엇 때문에 다윈은 이토록 오랜 시간 식물의 타가수정과 자가수정에 대해 궁리했을까?

다윈은 모든 생물들이 공장에서 찍어내듯이 똑같지 않다고 했으며, 이런 차이를 개체차이라 불렀고, 개체차이가 변종으로 이어지고 종으로도 이어질 것이라고 가정했다. 문제는 출발점인 개체차이이다. 어떻게 개체차이가 만들어질 것인가? 다윈 시대에는 오늘날과 같이 많은 사람들이 알고 있는 멘델의 유전법칙, 유전자, DNA 또는 RNA라는 개념이 전혀 알려져 있지 않았지만, 개체차이가 존재한다는 사실을 인지하고 있어서 혼합유전이라고 부르는 가설로 생물의 개체차이와 유전 현상을 설명하고 있었다. 예를 들어 빨간색 장미와 하얀색 장미를 교배하면 자손은 모두 분홍색을 띠게 될 것이다. 다시 이 분홍색 개체를 빨간색 또는 하얀색 개체와 교배하면, 분홍색과 빨간색의 중간 또는 분홍색과 하얀색의 중간 특징을 띤 개체가 만들어지게 될 것이다. 이런 식으로 교배가 일어난다면 어느 정도 개체차이가 만들어지는 현상을 설명할 수는 있었을 것이다.

여기에서 또 다른 문제가 나타난다. 왜 빨간색 개체가 하얀색 개체와 교배하는가이다. 빨간색은 빨간색끼리, 하얀색은 하얀색끼리만 교배하면 될 것인데, 무엇 때문에 빨간색과 하얀색

이 교배할까? 이때 빨간색끼리 또는 하얀색끼리 교배하는 것을 순계교배라 하고, 빨간색과 하얀색이 교배하는 것을 이형교배라고 한다. 그리고 또 하나, 교배를 하려면 반드시 암, 수 두 개체가 필요하다. 다윈은 『종의 기원』 96쪽에서 "개체마다 암수로 구분되는 동식물은 자손을 만들 때마다 반드시 교접해야 함이 명백하다"[37]라고 했다. 설명이 필요 없다는 뜻이다. 문제는 암수가 한 몸에 있는 개체이다. 식물 대부분은 암수한몸이고, 동물에서는 극히 일부이지만 사실상 이들도 자손을 만들 때에는 두 개체가 교접하는 것으로 파악했던 다윈은 "최근 연구 결과에 따르면 암수한몸으로 추정되는 숫자는 상당히 줄어들었고, 암수한몸이라고 하더라도 이들 중 상당수는 짝짓기를 한다"[38]라고 주장했다. 결국 자손을 만들려면 교접 또는 교배를 해야 하는데, 다윈의 관심 대상이 바로 이러한 교배였지 않았을까.

교배와 관련해서 또 하나 고려해야 할 사항이 있다. 암수딴몸인 두 개체가 교배하는 경우는 설명할 필요가 없다. 암수한몸, 즉 암술과 수술이 한 꽃에 모두 있는 식물의 경우에는 또 다른 상황이다. 그래서 식물에서는 자가수정과 타가수정이라는 또 다른 개념이 등장한다. 자가수정은 한 꽃에서 또는 한 개체에서 나타나는 현상이며, 타가수정은 다른 개체들 사이에서 나

---

37 다윈, 찰스(신현철 역주). 2019. 종의 기원 톺아보기. p.137.
38 다윈, 찰스. 같은 책. p.138.

타나는 현상이다. 식물은 수정에 앞서 꽃가루가 암술머리에 도달하는 수분 또는 꽃가루받이라고 부르는 과정이 일어나는데, 하나의 꽃에 있는 암술과 수술 사이에서 일어나는 수분을 동일화수분, 한 개체에 있는 서로 다른 꽃의 암술과 수술 사이에서 일어나는 수분을 동일개체수분으로 구분한다. 이 두 과정은 모두 자가수정에 해당하는데, 다윈은 이를 명확하게 구분하지 않았다. 따라서 동물에서는 자가수정이라고 부를 수 있는 현상이 존재하지 않으므로, 동물의 교배는 모두 이형교배라고 부를 수밖에 없다. 다윈 시대에는 "이형교배가 오랜 간격을 두고 일어난다고 하더라도, 태어난 어린 개체는 자가수정이 오랫동안 지속되었던 자손보다 생명력과 생식가능성이 뛰어날 것이므로 이들은 생존함과 동시에 자신과 같은 종류들을 번식시킬 더 좋은 기회를 잡게 될 것"[39]으로 알려져 있었다.

결국 동물에서는 이형교배가 일어나므로 개체차이가 나타날 수밖에 없고 조금은 생존에 유리한 변이를 지니게 될 것이다. 하지만 식물에서는 자가수정과 타가수정이 식물 종류에 따라 달리 나타날 뿐만 아니라 자가수정에 비해 타가수정에서 변이가 더 많이 관찰된다. 이 지점에서 새로운 질문이 제기될 수밖에 없다. "자가수정으로 영속되는 생물은 없을 것"[40]이라고 다

---

39 다윈, 찰스. 같은 책. p.148.
40 다윈, 찰스. 같은 책. p.145.

원은 『종의 기원』에서 언급했는데, 왜 생존에 불리한 자가수정이 식물에서는 계속해서 유지되었을까? 어떻게 자가수정과 타가수정의 결과를 확인할 수 있었을까? 등등이다. 하지만 다윈은 『종의 기원』에서 "자세히 설명하는 것이 불가능"[41]하다고만 언급했다. 자세한 내용은 추후 설명하겠다는 의미였지 않을까.

다윈은 1839년부터 1859년 『종의 기원』이 출간될 때까지도 자가수정과 타가수정에 대해 20년간 궁리만 했을 뿐, 상세한 내용을 파악하지 못했다. 『종의 기원』 출간 이후, 다시 17년에 걸친 관찰과 실험 결과를 토대로 1876년에 이르러 『타가수정과 자가수정』이 출간되었다. 이는 1862년에 발간한 『난초의 수정』이 타가수정만으로 논의되었기에 다시 자가수정에 대해 10여 년 동안 연구에 몰입한 결과였으며 자가수정보다는 타가수정이 유리하다는 것을 통계적으로 입증했다.[42]

『타가수정과 자가수정』에는 메꽃과(Convolvulaceae), 현삼과(Scrophulariaceae) 등 69개 과에 속하는 150속, 224종의 수정 방식을 설명하고 있다(Owens and Miller, 2009). 처음부터 6장까지는 개별 식물들의 수정 방식을 설명했고, 7장부터 9장까지는 타가수정과 자가수정의 차이에 대해, 10장에서는 자가수정에 유리

---

41 다윈, 찰스(신현철 역주). 2019. 종의 기원 톺아보기. p.138.
42 데스먼드, 에이드리언과 무어, 제임스(김명주 역). 2012. 다윈 평전. p.1028.

다윈의 식물들

한 꽃의 구조와 타가수정에 유리한 꽃의 구조를 설명했다. 그리고 11장에서는 곤충과 타가수정에 대해 설명했는데, 수정이라기보다는 꽃가루받이에 대한 설명이다. 마지막 12장에서는 타가수정과 자가수정에 대한 자신의 생각으로 마무리했다.

다윈은 이 책에 있는 자료를 확보하려고 많은 실험을 직접 수행했다. 그중 한 가지로, 둥근잎나팔꽃(*Ipomoea purpurea*)을 10세대에 걸쳐 인위적으로 타가수정과 자가수정 시킨 결과를 살펴보자. 다윈은 타가수정해서 만들어진 개체들의 키를 100으로 간주하고 자가수정 해서 만들어진 개체들의 키를 타가수정한 개체들과 비교했다. 그 결과, 10세대에 걸쳐 자가수정 해서 만들어진 개체들의 키는 타가수정 한 개체들의 78%에 불과했다.[43] 또한 맺힌 열매와 씨앗의 수와 무게도 측정했는데, 열매의 무게는 타가수정 했을 경우를 100으로 간주한다면 자가수정 했을 경우에는 51%에[44] 불과했다. 씨앗의 수와 무게가 번식력이라는 관점에서 바라본다면, 타가수정 할 경우가 자가수정 할 경우보다 훨씬 높은 번식력을 유지할 것이므로, 결국 자가수정 하는 경우보다 타가수정 하는 경우가 식물에게 유리하다고 다윈이 판단했을 것이다. 이런 결과를 보면서 다윈은 식물이 보다 튼튼한 자손을 만들려고 타가수정 하는 쪽으로 진화 과정을 거쳤다

---

43 Darwin, C.R. 1876. The effects of cross and self fertilisation. p.52.
44 Darwin, C.R. 같은 책. p.57.

고 생각하지 않았겠는가.

오늘날에도 다윈의 이러한 생각은 타당한 것으로 받아들여지고 있다. 단지 변하는 환경에서는 타가수정으로 다양한 변이를 지닌 개체를 생산하는 것이 유리하나, 변하지 않는 환경에서는 기존의 삶을 유지하려는 자가수정이 유리할 수도 있다고 설명하고 있다. 변하는 환경과 변하지 않는 환경에 대한 생각은 조금씩 다를 수 있다. 『타가수정과 자가수정』 원고를 쓰면서 다윈은 이 원고가 책으로 출간되고 나면 "아마도 힘이 (중략) 다 소진될 것"이라고 했으며 동시에 "'주여, 이제는 말씀하신 대로 이 종(servant)은 평안히 눈감게 되었습니다'라고 말할 수 있을 것"이라고 했다.[45] 식물에 대해 자신이 할 수 있는 일을 모두 했다는 다윈만이 표현할 수 있는 만족감을 살며시 내비친 것이 아닐까? 과연 그럴까?

---

45 데스먼드, 에이드리언과 무어, 제임스(김명주 역). 2012. 다윈 평전. p.1034.

6

◇◇◇◇◇◇

식물의 은밀한 사생활을 염탐하다

다윈의 다섯번째 책은 1877년 7월에 출간된 『같은 종에 속하는 꽃들의 서로 다른 형태들』로, 줄여서 『꽃의 다른 형태들』이라고 부른다. 이 시기 다윈은 식물에서 벗어나지 못한 것 같다. 1875년에는 『식충식물』, 1876년에는 『타가수정과 자가수정』 그리고 1877년에는 『꽃의 다른 형태들』을 출간했으니, 해마다 식물과 관련된 책을 발표한 것이다. 이즈음 나이가 60대 후반이었을 것인데도 다윈은 식물에 대해 미친 듯이 연구를 해서 잘 알려지지 않은 식물의 세계를 대중에게 알리고자 노력했다.

이 책을 쓰기 전에 다윈은 책의 주제, 즉 한 종의 식물에 서로 다른 꽃의 형태가 존재한다는 것을 이미 알고 있었고, 논문도 5편이나 발표했다. 1862년에는 앵초속(*Primula*) 식물, 1863

년에는 아마속(*Linum*) 식물, 1865년에는 부처꽃속(*Lythrum*) 식물, 1868년에는 괭이밥속(*Oxalis*)과 폐장초속(*Pulmonaria*) 식물을 중심으로 한 종에서 만들어지는 두 종류의 꽃인 이화주성 꽃과 세 종류의 꽃인 삼화주성 꽃의 특징과 관련된 논문들을 거의 매년 발표한 것이다. 그리고 이들을 묶고, 다른 사람의 연구 결과를 종합하여 1877년에 『꽃의 다른 형태들』을 발표한 것이다. 다윈은 이 책에 대해 "나는 이러한 식물들의 구조가 지닌 의미를 파악하는 것만큼 과학자로서의 내 삶이 만족스러운 것은 없다"[46]라고 회고했다.

어떤 내용일까? 다윈은 1862년에 앵초속 식물의 꽃에는 두 종류가 있다는 내용을 담은 논문을 발표했다. 앵초속 식물에서 어떤 꽃은 수술보다 암술의 길이가 긴 반면, 어떤 꽃은 암술보다 수술의 길이가 긴 차이를 보이는데, 이러한 차이를 당시 식물을 재배하던 화훼가들도 잘 알고 있다는 내용이다. 또한 다윈은 꽃을 쳐다보았을 때 암술이 길어 암술머리가 드러나는 꽃을 장주화형으로, 수술이 길어 수술이 드러나는 꽃을 단주화형으로 불렀다(Darwin, 1862b). 한 종에서 두 종류의 꽃이 피는 현상은 이미 16세기부터 식물학자들도 잘 알고 있었으나(Cohen, 2010), 다윈이 논문을 발표하기 전까지는 이러한 현상을 단순한

---

46 Barlow, N.(ed.) 1958. The autobiography of Charles Darwin 1809-1882. p.128.

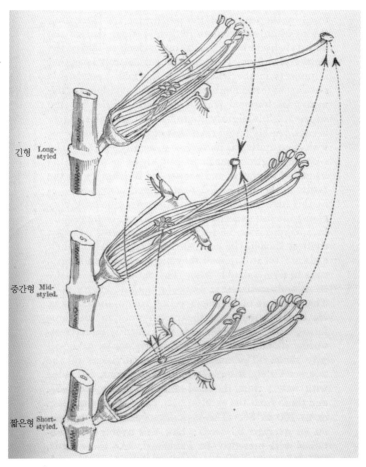

세 가지 형태의 털부처꽃을 자연 상태에서 꽃잎과 꽃받침을 제거한 그림. 화살표가 있는 점선은 꽃가루가 같은 높이에 위치한 암술로 옮겨져야 수정이 완성되는 방향을 표시한 것이다. 다윈의 『꽃의 다른 형태들』(1877)에 수록된 그림

변이로 간주하고(Darwin, 1862b) 크게 주목하지 않았다. 다윈에게 식물학과 식물의 변이를 알려준 헨슬로 교수도 1826년 옥스립앵초와 카우슬립앵초를 관찰하고, 이 식물들 모두에서 개화한 두 종류의 꽃을 그림으로까지 그렸으나, 1830년 영국에 분포하는 앵초속 식물의 변이에 대한 논문을 발표할 때 이들 식물에서 두 종류의 꽃이 핀다는 점을 언급하지 않았다(Kohn et al., 2005). 헨슬로 역시 두 종류의 꽃을 단순히 변이로 간주했던 것이다.

그러나 다윈은 이를 놓치지 않았다. 다윈은 1860년 5월 7일 후커에게 보낸 편지에서 "오늘 아침 카우슬립앵초 꽃들을 관찰하다가, 어떤 꽃들은 수술이 길고 암술이 짧은(나는 이 꽃을 수꽃이라고 부르기로 했네) 반면 다른 꽃들은 수술이 짧고 암술이 긴(나는 이 꽃을 암꽃이라고 부르기로 했네) 사실을 발견했다네. 나는 어디에선가 이러한 사실을 목격했던 것 같은데, 내 생각에는 헨슬로 교수일 것 같다네"라며 자신의 관찰 결과를 알렸다. 아마도 다윈이 처음으로 꽃에서 나타나는 이런 현상을 관찰하면서 헨슬로가 그린 이런 꽃그림을 보았던 것을 회상한 것이다. 실제로 『종의 기원』에는 앵초류에 대한 설명은 나오나, 꽃에서 나타나는 이러한 특징에 대해서는 설명이 전혀 없다. 다윈도 당시에는 사소한 변이로 간주했던 것으로 추정되는데, 1866년 『종의 기원』 4판이 출판될 때부터 앵초류에 관한 설명은 『종의 기원』에서 삭제되었다. 아마도 1861년에 앵초류에 관한 학회에서 구두로 논문을 발표하면서 이형화주 꽃들을 변이가 아니라 타가수 정이 일어나도록 유도하는 장치로 간주했기 때문일 것이다.

그런데 당시 아이들도 앵초류 식물들이 두 종류의 꽃을 피 운다는 사실을 알고 있었던 것 같다. 아이들은 단주화형 꽃보 다 장주화형 꽃을 모아 꽃목걸이를 만들며 놀고 있었다(Darwin, 1862b). 다윈은 이런 광경을 보고 자기 아이들에게 앵초류 꽃을 모아 오라고 부탁했으며, 5월 13일 실험 노트에 "아이들이 카우 슬립앵초를 상당히 많이 모아 왔다. 수꽃은 79개, 암꽃은 52개" 라고 기록했다.[47] 다윈은 이처럼 두 종류로 피어나는 꽃을 처음 에는 자신이 말하는 "수꽃, 즉 수술이 길고 암술이 짧은 꽃이 소 위 암꽃보다 씨앗을 덜 만든다는 점을 입증할 수 있다면, 앵초

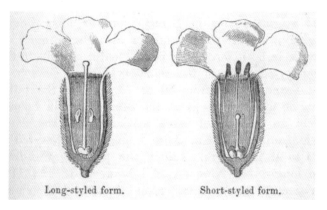

Long-styled form.   Short-styled form.

지치과의 좁은꽃폐장초(*Pulmonaria angustifolia*) 장주화형과 단주화형 꽃. 다윈의 『꽃의 다른 형태들』(1877)에 수록된 그림

---

47 코스타, 제임스(박선영 역). 2019. 다윈의 실험실. p.326.

류 꽃은 양성화에서 단성화로 진화하는 멋있는 사례가 될 것"이라고 6월 8일 그레이에게 보낸 편지에서 자신의 속내를 드러냈다. 그리고 장주화형 꽃과 단주화형 꽃들을 조사했다.

그러나 결과는 다윈의 기대와는 달랐다. 단주화형 꽃에서 더 많은 씨앗이 만들어진 것이다. 그러자 다윈은 모든 경우의 수를 고려해서 꽃가루받이가 일어나도록 했다. 장주화형 꽃의 꽃가루를 장주화형 꽃의 암술에, 장주화형 꽃의 꽃가루를 단주화형 꽃의 암술에, 단주화형 꽃의 꽃가루를 장주화형 꽃의 암술에, 단주화형 꽃의 꽃가루를 단주화형 꽃의 암술에 묻혀 주었다. 이때 다윈은 장주화형 꽃의 꽃가루를 장주화형 꽃의 암술에, 단주화형 꽃의 꽃가루를 단주화형 꽃의 암술로 옮겨주는 것을 동형접합으로, 장주화형 꽃의 꽃가루를 단주화형 꽃의 암술에, 단주화형 꽃의 꽃가루를 장주화형 꽃의 암술로 옮겨주는 것을 이형접합으로 불렀다. 그랬더니 동형접합보다는 이형접합의 경우 훨씬 많은 씨앗을 만들어냈다.

다윈은 1861년 11월 21일 린네학회에서 「앵초속 식물들에서 나타나는 두 가지 형태, 즉 이형화주가 나타날 조건과 주목할 만한 번식과의 관계」라는 제목의 논문을 구두로 발표했다. 다윈은 이 논문에서 일부 식물학자들이 이러한 점에 대해서 단순히 변이로 간주하고 있으나, 이는 사실과는 전혀 거리가 먼 생각이라고 주장했다(Darwin, 1862b). 결론적으로, 앵초속 식물에서 나타나는 두 종류의 꽃이 지닌 의미는 명백한데, 서로 뚜렷하게 구분되는 개체들 사이에서 이형교배가 일어나는 것이 유리하기에 이런 구조가 만들어진 것으로 추정했다. 그러면서 다윈은 12월 17일 후커에게 편지를 보내 "이러한 차이에 그 어떤 의미도 없다는 것은 결코 믿을 수 없다"라고 했다.

다윈은 이 논문을 발표하고 나서 여러 사람들에게 앵초류와 같은 식물들을 알려달라고 부탁했으며, 1863년에 아마속(*Linum*) 식물, 1865년에 부처꽃속(*Lythrum*) 식물, 1866년에 괭이밥속(*Oxalis*) 식물에서도 비슷한 사례를 확인했다. 또한 이와 관련된 자료들을 계속해서 수집하여 그 결과물로 1877년『꽃의 다른 형태들』을 발간한 것이다. 다윈은 이 책에서 암술과 수술의 길이가 서로 다른 경우를 이형화주로 불렀는데, 앵초과(Primulaceae)의 앵초속(*Primula*) 식물을 비롯하여 14개 과, 38개 속에 속하는 식물에서 이런 현상이 나타난다고 설명했으며(Darwin, 1877), 종에 따라 씨앗이나 열매를 맺지 않기도 한다고 했다. 우리나라에서 봄을 상징하는 꽃으로 널리 알려진 개나리(*Forsythia koreana*)를 포함하는 개나리속(*Forsythia*) 식물도 이형화주를 지닌다고 언급되었다. 개나리꽃은 많은 사람들이 흔히 볼 수 있지만, 열매는 거의 볼 수가 없다. 이는 식재된 개나리가 대부분 장주화형 또는 단주화형 한 종류의 꽃으로만 되어 있기 때문일 것이다.

다윈은 『꽃의 다른 형태들』을 발간하기 1년 전에 『타가수정과 자가수정』을 발간했다. 이 책에서 그는 식물들이 타가수정을 하려고 여러 가지 장치를 만들었는데, 이 가운데 이형화주에 대해서는 그런 구조적 차이가 있다고만 아주 간단히 설명했다. 대신 암술과 수술이 성숙하는 시기가 다른 현상, 즉 자웅이숙을 주로 설명했다. 한 꽃에서 수술이 성숙하기 전에 암술이 성숙한다면, 또는 역으로 암술이 성숙하기 전에 수술이 성숙한다면 한 꽃에서 꽃가루를 받을 수 없기 때문에 자가수정을 하지 못하고 타가수정을 할 수밖에 없다는 설명이다. 결국 조그만 시간 차이로 인해 타가수정이 일어난다고 설명했다. 그리고 일 년 뒤에 발간된 『꽃의 다른 형태들』에서는 꽃이 가진 구조적 차이로 인해 타가수정이 일어날 수밖에 없다고 설명했다. 식물이 보다 튼튼한 자손을 만들려고 몸부림치는 과정을 다윈은 그 누구보다도 자세하게 이해했고, 이를 두 권의 책에서 풀어냈다. 특히 『꽃의 다른 형태들』에서 누구나 알고 있었으나 무시했던 이형화주라는 구조적으로 은밀한 수술과 암술의 길이 차이를 실험적으로 입증하려고 가능한 모든 경우를 예상하고 그에 따라 수정 실험을 했고, 그 결과로 이런 구조들이 식물에서 나타나는 매우 중요한 현상이라고 설명한 것이다. 다윈 스스로 식물들의 은밀한 사생활을 염탐함으로써 과학자로서 만족스러운 삶을 살았다고 자평할 수 있었을 것이다.

7

◇◇◇◇◇◇

식물의 운동 능력에 매료되다

다윈은 1877년 11월 17일 자신이 졸업했던 케임브리지 대학교에서 명예법학박사 학위를 받았다. 학위를 수여하는 업적으로 다윈이 그동안 연구했던 산호초, 비둘기, 파리지옥, 따개비, 덩굴식물, 화산 등과 관련된 내용들이 간략하게 소개되었고, 다음과 같이 명예법학박사 학위 수여 이유를 밝혔다.

이 모든 것들을 지치지 않는 정신력으로 습득한 지식과 함께 사람들이 한 단계 한 단계 발전할 수 있도록 천천히 가르쳤습니다. 그에 따라 시간이 흐르면서 사람들 눈앞에 몇 가지 생물이 하나씩 하나씩 나타났고, 우리의 이성은 이러한 생물을 진실의 세계까지 끌어올렸습니다. 생물의 실체는 가장 높은 발달 단계에 이를 때까지 하나하나 순서대로 명확하게 규명되어야

하기 때문입니다.[48]

생물의 실체를 가장 높은 발달 단계까지 규명해야 한다는 말은 다윈이 아직도 해야 할 일이 남아 있다는 의미였을까?

이에 응답하듯 다윈은 이듬해 봄, '식물들은 어떻게 움직이는 것일까?'라고 스스로 질문을 던지며 말을 하지 못하는 식물들과 대화를 시도했다. 때로는 식물들에게 겸손하게 말을 걸며 그들의 교묘한 구조를 칭찬하기도 했고, 때로는 '내가 원하지 않은 것을 하는' 식물들에게 '요 녀석들아!'하고 꾸짖기도 했다.[49] 식물들이 도대체 무엇을 어떻게 했기에 '원하지 않았다'고 했을까? 『덩굴식물의 운동과 습성』에서 식물의 운동과 관련하여 많은 부분을 설명했는데도 아직도 부족한 부분이 있다고 생각한 것일까? 다윈은 1839년부터 자신이 궁금해 했던 질문들과 하고 싶은 실험을 "질문과 실험"이라는 공책에 기록해왔다. 그 기록을 보면 다음과 같은 내용들이 나오는데, 이 질문들에 대한 답을 다윈은 그때까지 찾지 못했다.

5쪽. 실험들 - 식물
(1) 휴면 중인 미모사 또는 잡종 미모사(a)를 흔들어보자, 감각

---

48 Sandys, J.E. 1910. Darwin's honorary LLD: The public oration. pp.6-7.
49 데스먼드, 에이드리언과 무어, 제임스(김명주 역). 2012. 다윈 평전. p.1046.

적인 종들과 휴면 중인 종들 사이에 어떤 관련성이 있는지를 관찰하자.

(2) 산마타르타선인장(*Cereus speciosissimus*)이 수면운동을 할 때 수술들은 시드는가? 매자나무속(*Berberis*) 식물들은? (나는 후자의 경우에는 확실히 그렇지 않다고 생각한다)

5쪽 뒷면

(a) 후추풀(*Leptosiphon densifolium*)[50]은 한해살이 식물로 어두컴컴한 날에는 항상 꽃이 닫히는 수면운동을 한다. 정원에 심은 왕관갈퀴나물속(*Coronilla*) 식물도 비슷한 방식으로 수면운동을 한다. 이들을 주기적으로 덮어주고 그 영향을 살펴보자.

그래서였을까. 다윈은 명예법학박사 학위를 받고 3년 뒤인 1880년 11월 6일, 그의 나이 71세에 자신의 마지막 책인 『식물의 운동 능력』을 발간했다. 이 책은 1865년에 발간한 『덩굴식물의 운동과 습성』 내용을 확장한 것으로, 덩굴식물에서 확인한 운동 방식이 꽃 피는 식물 전반에 적용될 수 있음을 보여주려고 쓴 책이라는 평가를 받았다.[51] 실제로도 다윈은 『식물의 운동 능력』에서 "이 책의 주요 목적은 거의 모든 식물에서 흔하게 발견되는 몇 가지 종류의 운동 양상을 설명하고, 이를 하나의 관점에서 살펴보는 것이다. 가장 널리 알려진 운동은 덩굴식물의 줄기 운동과 본질적

---

50 다윈은 종소명을 '*densifolium*'으로 표기했으나, '*densiflorus*'를 잘못 표기한 것으로 보인다. 꽃고비과(Polemoniaceae)에 속한다.

51 Freeman, R.B. 1977. The works of Charles Darwin. p.161.

으로 같은 속성을 지니고 있는데, 이들은 모든 방향으로 계속해서 구부러지며, 그 결과 줄기 끝이 회전한다"라고 설명했다. 수면운동을 포함한 식물의 모든 운동이 덩굴식물의 운동과 본질적으로 같다고 주장한 것이다. 단지 이번에는 다윈의 관심이 식물의 뿌리와 잎, 그리고 어린싹으로 향했다. 아들 프랜시스가 많은 도움을 주어, 사람들이 아들을 공저자 자격으로 인용하기도 한다.

『식물의 운동 능력』에서 다윈은 식물이 빛, 중력 등과 관련되어 여러 가지 다양한 운동 방식을 보이는데, 이는 모든 식물에게 유전되는 자발적인 회선운동의 변형된 형태라고 설명하고 있다.[52] 회선운동은 식물체의 자발적인 운동으로 빛이나 중력에 무관하나, 빛과 중력의 영향으로 회선운동의 변형된 운동이 식물체에 나타난다는 것이다. 단지 다윈은 회선운동이라는 용어를 다윈 이전에 독일의 식물생리학자가 사용한, 식물 줄기 정단부가 성장하면서 불규칙하게 나선형을 그리는 "회전하는 전두운동"이라는 용어보다 더 편하다고 생각하고 제안했다. 또한 그는 식물체가 굽어지는 모든 굴절운동이 회선운동의 기본이며 식물의 한쪽 면이 다른쪽 면보다 더 빨리 성장하기 때문에 나타난다고 설명하였다.

다윈은 변형된 회선운동으로 두 종류의 운동을 특별히 설명했다. 하나는 식물체 정단부가 빛을 감지하여 그 영향을 아래쪽

---

52 Darwin, F.(ed.) 1887. The life and letters of Charles Darwin. Vol. 3. p.329.

으로 내려보내 정단부를 굽어지게 만드는 운동과 어린싹의 뿌리 끝이 다양한 자극에, 특히 약간의 압력에 반응하여 그 영향을 위쪽으로 올려 보내 지구 중심 방향으로 굽어지게 만드는 운동이다. 이때 다윈은 빛에 의해 나타나는 운동을 향일성 운동으로, 지구 중심 방향으로 굽어지는 운동을 굴지성 운동으로 불렀다. 다른 하나는 기관의 위쪽 부분이 아래쪽 부분보다 더 빨리 자라 아래쪽으로 굽어지는 상편생장 운동과 역으로 아래쪽 부분이 더 빨리 자라 위쪽으로 굽어지는 하편생장 운동이다.[53] 이러한 운동을 관찰할 수 있는 방법도 『식물의 운동 능력』에서 설명했고, 이 방법으로 관찰한 다양한 종류의 식물과 식물 부위들, 즉 어린뿌리와 떡잎 그리고 상배축과 하배축 등에서의 식물체 부위들이 실제 움직인 경로도 그림으로 함께 제시했다.

다윈이 했던 실험 한 가지만 살펴보자. 아마도 가장 널리 알려진 실험일 것인데, 바로 귀리의 어린싹을 이용한 것이다. 다윈은 귀리의 어린싹을 키워서, 한쪽 방향으로만 빛을 준 다음 결과를 관찰했는데, 어린싹의 정단부가 빛이 있는 방향으로 굽어지는 현상이 나타났다. 비교를 위해서 일부 귀리의 어린싹은 정단부를 제거하고, 일부는 빛이 통과하지 못하도록 뚜껑을 씌었는데, 이들 싹은 아무런 반응을 보이지 않았다. 반면에 다른 일부 귀리의 어린싹에는 정단부에 빛이 통과할 수 있는 투명한

---

53 Darwin, C.R. 1880. The power of movement in plants. pp.5-6.

뚜껑을 씌우고, 또 다른 어린싹에는 흙과 접한 부분에 빛이 통과하지 못하도록 처리했다. 그랬더니 투명한 뚜껑을 씌운 어린싹은 빛이 있는 방향으로 굽어졌으며, 흙과 접한 부분을 씌운 어린싹도 투명한 뚜껑을 씌운 어린싹처럼 빛이 있는 방향으로 굽어졌다. 다윈은 이 실험을 통해 어린싹의 정단부에 빛을 감지하는 물질이 들어있어서 이 물질이 아래쪽으로 이동하면서 어린싹이 굽어진다고 생각했다. 오늘날에는 이 물질을 옥신이라 부르며 줄기가 굽어지는 것을 옥신의 작용으로 설명한다. 식물의 대표적인 굴성운동으로 간주하고 있다.

오늘날에는 식물 운동을 굴성운동과 경성운동으로 구분해서 설명한다. 방향성을 보이는 굴성운동은 중력이나 빛과 같은 자극원에 대하여 자극이 있는 방향으로 굽어지는 운동으로, 굴광성과 굴지성으로 구분되고 있다. 방향성이 없는 경성운동은 낮에는 잎이 활짝 펼쳐졌다가 밤이 되면 접히는 수면운동과 같이 운동 방향이 기관의 구조적 또는 생리적 비대칭에 의해 결정되는 운동으로 정의되고 있다.[54] 또한 굴절운동은 식물체 어디에서나 나타나는, 즉 굴성운동이나 경성운동 모두에서 나타나는 현상으로 간주되고 있어, 다윈의 설명과는 다소 차이가 있다. 그럼에도 다윈이 회선운동이라고 불렀고, 이처럼 모든 식물에서 나타나는 운동은 오늘날 굴성운동과 경성운동을 설명하는 '진

---

54 Hopkins, W.G. and N.P.A. Huner. 2009. Introduction to Plant Physiology. p.405.

화상 선구체' 역할을 하는 것으로 평가되고 있다. 단지 그 당시에는 회선운동이 모든 식물 운동의 진화적 기원이라는 점에 대한 확고한 실험적 증거가 부족하여 식물생리학자들이 수용하지 못했을 뿐이다(Kutschera and Briggs, 2009).

한편, 다윈은 뿌리 끝에 있는 뿌리골무가 하등동물의 뇌와 비슷하다고 생각했다. 그는 『식물의 운동 능력』 마지막 부분에서 "지금까지 설명한 식물의 운동과 하등동물이 무의식적으로 행한 수많은 행동 사이에서 나타나는 유사성에 놀라지 않을 수 없다"라고 하면서 "우리는 뿌리의 정단부보다 더 멋진 식물의 구조는 없다고 생각한다. 정단부를 가볍게 누르거나 태우거나 또는 자르면, 정단부 위쪽으로 그 영향이 전달되어 영향을 받은 반대쪽으로 굽어지도록 한다. (중략) 어린뿌리의 정단부가 인접한 부위의 운동을 지시하는 힘을 부여받고 있어 마치 하등동물의 뇌와 같은 역할을 하고 있다고 말해도 지나친 것은 아니다"라고 자신의 생각을 밝혔다. 뭔지는 모르겠지만, 뿌리 정단부에 자극을 주면 그 자극에 의해 뿌리가 반응한다고 생각한 것이다. 물론 오늘날 관점에서 보면 잘못된 설명이다. 비록 많은 부분이 밝혀졌다 할지라도 뿌리가 지구 중심 방향으로 자라는 것을 아직까지는 명확하게 설명하지 못하고 있다. 무엇 때문에 다윈은 말도 못하고 한 장소에서 다른 장소로 자신의 의지로 움직일 수도 없는 식물을 소리를 내고 자유롭게 이동하는 동물과 비교했을까?

8

◇◇◇◇◇◇

식물학이라는 학문 세계를 새롭게 펼치다

다윈은 1862년 『난초의 수정』으로 시작해서 1880년 『식물의 운동 능력』까지 식물에 관한 책 6권을 썼다. 게다가 1868년에 『생육 상태에서 나타나는 동식물의 변이』라는 책도 썼는데, 이 책에도 식물과 관련된 내용이 일부 나온다. 무엇이 그로 하여금 이토록 많은 책들을 쓰게 만들었을까? 『종의 기원』 출간 이전에는 거의 동물과 관련된 글만 썼던 다윈이 그 이후에는 왜 갑자기 식물과 관련된 많은 책들과 여기에서 언급하지 않은 많은 글들을 썼을까? 그리고 이러한 것들은 어떤 의미가 있을까?

다윈은 『종의 기원』을 쓰기 전, 후커의 도발적인 질문에 당황해하다가 따개비 연구를 8년씩이나 했다. 그럼에도 식물 연구에 대해서는 늘 자신이 없었다. 갈라파고스의 동식물을 조사하면서 기록한 공책 30쪽에 "내가 조류학이라는 관점에서는 남아메리카를 확실히 이해했는데, 식물학자도 되어야만 할까?"라고 기록했고, 1843년에 후커에게 보낸 편지에서 자신을 "식물학적으로 무지한 사람"이라고 불렀다. 동물은 상세하게 연구했지만, 식물에 대해서는 그렇지 못했던 다윈이 『종의 기원』을 집필하고 나서 본격적으로 식물 연구에 뛰어든 것은 왜일까? 따개비처럼 한번 파헤쳐보자는 마음일까?

아마도 식물이 보여주는 다양성과 다양성 속에 숨겨져 있는 공통조상이라는 의미를 다윈이 발견한 것이 아닐까 싶다. 수많은 난초가 피워 낸 꽃들이 놀라울 정도로 다양한데도 기본 구조가 비슷한 것은 이 구조들이 모두 자손을 더 많이 효율적으로 남기기 위한 것임을 다윈은 『난초의 수정』에서 설명했다. 그래서 『난초의 수정』은 당시의 사람들이 생각했던 식물학, 즉 식물을 채집하고 동정하고 표본으로 만들고 분류하는 것을 뛰어넘어 이 종과 저 종과의 상호관계까지를 파악하는 식물학으로 그 영역을 넓힌 것으로 평가되고 있다. 생물 하나만이 홀로 존재하는 것이 아니라 관계를 맺고 있는 또 다른 생물을 한 생물로부터 유추했던 것이다. 대표적인 것이 난초류와 곤충의 상호관계이며, 이런 상호관계가 있었기에 이 두 무리의 생물은 폭발적으로 증가할 수 있었을 것이다. 다윈 자신이 주장했던 한 생물이 다른 생물과 상호관계를 맺어야만 하는 '생존을 위한 몸부림'을 입증하려 한 것이 아니었을까.

이후에 발간된 『덩굴식물의 운동과 습성』과 『식충식물』에서는 식물과 동물의 공통적인 특징을 찾아봄으로써, 다윈 자신이 『종의 기원』에서 주장했던 이들의 공통조상의 문제를 해결하려고 했던 것으로 보인다. 물론 실패했지만, 이 책들에서 논의한 많은 내용들은 『식물의 운동 능력』으로 이어져, 이후 많은 사람들로 하여금 식물이 보여주는 다양한 현상들의 근본 원인을 파악하도록 이끌었다. 새로운 식물학 시대를 개척한 것이다. 다윈이 이 세 권의 책에서 논의했던 내용들은 오늘날 식물생리학에서 덩굴식물과 식충식물이 자극에 따라 반응하는 경성운동, 식물 뿌리에서 나타나는 굴지성 운동, 줄기 정단부에서 나타나는 굴광성 운동 등으로 파악되고 있다.

그런가 하면 『타가수정과 자가수정』과 『꽃의 다른 형태들』에서는 동물로부터 파악하기 힘들었던 이형교배에 따른 효과를 검증할 수 있음을 보여주었다. 그리고 이러한 이형교배가 생물계에 널리 퍼져 있는데, 이형교배를 통해서 보다 튼튼한 자손을 낳을 수 있음도 보여주었다. 어쩌면, 아버지 로버트 다윈과 어머니 수잔나 웨지우드(결혼 후 이름은 수잔나 다윈)의 결혼으로 태어난 다윈 자신이 이형교배의 산물이 아니라 근친교배의 산물이었음을 알게 되었고, 그에 따라 수반된 것으로 보이는 온갖 고통을 평생에 걸쳐 지니고 살았기에 식물들이 만들어내는 튼튼한 자손 만들기에 더욱더 애착을 느꼈을 수도 있다.

다윈의 식물들

다윈은 『종의 기원』 1장에 있는 내용을 『생육 상태에서 나타나는 동식물의 변이』에서 보다 상세하게 참고문헌과 함께 제시하면서 유전의 근본 원리를 설명하려고 했다. 단지 그 원리를 설명하면서 '제뮬(gemmule)'이라는 용어로 잘못 도입했지만, 그 근본 원리는 오늘날에 널리 알려진 유전 원리와 크게 다르지는 않다. 그는 이 책에서 생물들이 보여주는 변이가 사람이 만든 것이 아니라, 자연이 만들어낸 것을 사람이 선택만 했을 뿐이라고 주장했다.

다윈은 그때까지의 식물학을 생물학의 모든 분야, 즉 발생학, 유전학, 형태학, 생태학 등을 포괄하고 이런 학문 영역에서 도출된 결과들을 모두 연결시켜 설명해야만 하는 새로운 식물학, 즉 식물생물학으로 새롭게 탄생시켰다. "진화라는 실마리를 통하지 않고서는 생물학에서 의미 있는 것은 아무것도 없다"라고 했던 진화생물학자 도브잔스키의 말이 다윈이 쓴 책들의 영향력을 한 문장으로 설명해주는 것 같다.

V부

◇◇◇◇◇◇

지독한 수수께끼에 직면한 다윈

(1879~1882)

1

◇◇◇◇◇◇

지독한 수수께끼에 직면하다

다윈은 식물과 관련된 마지막 책인 『식물의 운동 능력』 집필을 위해 하루에 몇 시간씩 새싹과 뿌리 연구에 정력적으로 매달렸다. 그러다 끔찍하게 기분이 가라앉아서 이를 달래려고 1879년 8월에 호수 지역으로 여행을[1] 가기로 했다. 그런데 여행 직전인 7월 22일 다윈은 후커에게 조금은 의아하면서도 지금까지 그와의 편지 왕래에서 거의 언급하지 않았던 내용이 들어 있는 편지 한 통을 보냈다.[2]

나는 방금 볼(John Ball, 1818~1889)의 논문을 보았다네. 상당

---

1 데스먼드, 에이드리언과 무어, 제임스(김명주 역). 2012. 다윈 평전. p.1057.
2 Darwin, F. and A.C. Seward. 1903. More letters of Charles Darwin. p.21.

히 대담한 것 같네. 최근 지질시대에서 발견되는 모든 고등식물로 판단해 볼 때 이들의 급격한 발달은 하나의 **지독한 수수께끼**[3]로 남아 있다네. 만일 고등식물이 처음에는 고지대에서만 살 수 있었다고 우리가 믿는다면, 확실히 커다란 진전일 것이네. 그러나 소철과(Cycadaceae)와 양치식물 등이 고등식물보다 훨씬 더 높은 이산화탄소 농도에서 버틸 수 있음을 실험적으로 입증할 때까지 이 가설은 너무나 성급한 것으로 보인다네. 드 싸포르타(Gaston de Saporta, 1823~1895)는 꽃을 빈번하게 찾아다니는 곤충이 발달하고 이형교배를 선호하자마자 동시에 고등식물이 놀라울 정도로 급격하게 발달했다고 믿고 있지. 나는 이 문제가 해결되는 것을 보고 싶다네. 아마도 오랜 시간 동안 하나의 아주 조그만 격리된 대륙이 남반구에 있었고, 이곳이 고등식물의 발상지 역할을 했을 것이라고 생각하고 싶다네. 물론 이런 생각은 비참하게도 결함투성이의 추측이겠지.

여기서 발달은 오늘날 진화라는 개념이다. 다윈 스스로도 고등식물을 급격하게 진화하게 만든 원인을 모르겠다는 내용이다. 다윈 시대에는 꽃 피는 식물을 쌍떡잎식물과 외떡잎식물로 구분했고, 쌍떡잎식물에 겉씨식물을 포함시켰으므로, 고등식물이란 쌍떡잎식물 중에서 겉씨식물을 제외한 씨앗이 열매에 감

---

3 원문이 아니라 이 책에서 강조한 것이다.

추어져 있는 종류를 지칭했다.[4] 오늘날의 분류 방식과는 차이가 있다. 그리고 다윈은 볼과 드싸포르타 두 사람을 언급하면서, 고등식물의 발상지로 남반구에 있었을 것으로 추정되는 하나의 아주 조그만 격리된 대륙의 존재를 가정한 것이다.

다윈은 『종의 기원』 '9장 지질학적 기록의 불완전성'에서 '동류 종 무리 전체가 돌발적으로 출현하는 현상에 대하여'라는 조그만 장을 만들어 "만일 같은 속이나 과에 속하는 수많은 종들이 생물계로 한꺼번에 동시에 들어왔다면, 이 사실은 자연선택으로 친연관계가 서서히 변형되었다는 이론에 치명적"[5]이므로 어떤 종 무리가 돌발적으로 급격하게 출현한다고 생각해도 실제로는 지질학적 기록이 불완전하여 그렇게 보일 뿐이라고 주장했다. 그럼에도 불구하고 고등식물이 급격하게, 달리 말해 수많은 고등식물이 한꺼번에 진화했다고 편지에 쓰면서, 이렇게 치명적인 문제는 자신에게 닥친 "지독한 수수께끼"라고 한 것이다.

다윈이 살던 시대에는 꽃 피는 식물 화석이 백악기 초반에서 중반에 걸친 시기 지층에서는 거의 발견되지 않다가, 이후 지층에서 상대적으로 많이 발견되었다. 꽃 피는 식물의 대표적인 특

---

4 III부 6장 참조.
5 다윈, 찰스(신현철 역주). 2019. 종의 기원 톺아보기. p.398.

징인 꽃은 척추동물의 뼈대나 무척추동물의 껍데기처럼 단단하지 못하여 화석으로 만들어지기 힘들기 때문에 꽃 피는 식물이 생성되던 시기에는 막상 화석으로 남기지 못했을 것이다. 그런데 볼과 드싸포르타 등은 이 시기 사이에 꽃 피는 식물, 특히 쌍떡잎식물이 급격하게 진화했을 것으로 믿고 있었다. 다윈은 자신의 이론에 치명적임에도 이에 대한 답을 찾지 못했고 단지 쌍떡잎식물의 발생지로 남반구에 지금은 사라져 버린 대륙이 있었을 것으로 가정해 보면서 자신을 자책하고 있는 듯하다.

다윈도 지질학적으로 쌍떡잎식물의 화석이 이전 지층에서는 발견되지 않다가 바로 위 지층에서 갑자기 많이 발견되고 있다는 점은 이미 알고 있었다. 1837년 7월부터 1838년 2월에 걸쳐 작성한 『종 변형 공책 B』에는 "150. 화석식물. 1837.(p.319) 브롱니아르. 석탄층에 쌍떡잎식물은 없으나 외떡잎식물은 극히 조금 있다?(p.320) 오스트레일리아에서 과거에 흔하게 나타난 은화식물을 정확하게 살펴보자!(p.320) 솔방울 구조가 관다발 또는 (이전부터 살았던) 은화식물과 제3기에 처음 출현한 쌍떡잎식물의(p.321) 중간단계일까?"라고 기록되어 있다. 쌍떡잎식물이 제3기에 처음 출현했으며, 석탄층에 외떡잎식물 화석은 발견되나 쌍떡잎식물 화석은 없다는 자료를 인용하고 있다. 이 기록은 다윈이 종 변형, 즉 생물의 진화와 관련된 생각들을 기록하면서 화석과 관련된 자료도 수집했음을 보여주는 증거가 될 것이다. 그러나 다윈은 쌍떡잎식물의 시작과 관련해서 『종의 기원』이나 그 이후 책들에서도 전혀 언급하지 않았다.

단지 『종의 기원』에서 "빙하기가 시작하기 이전 따뜻한 시기의 남반구와 북반구를 조사하고 싶다는 유혹에 빠졌는데, 현재는 눈으로 덮여 있는 남극대륙이 빙하기 이전에는 아주 특이하고 격리된 식물상을 유지하고 있었을 것이다. 이 식물들이 빙하기로 인해 몰살당하기 전에 일부 유형들이 남반구 여러 지점으로 우연한 운반 수단과 현재는 물속으로 가라앉아 버린 섬들을 중간 휴게소처럼 이용하면서 광범위하게 퍼져 나갔거나, 또는 아마도 빙하기가 시작되면서 빙하를 타고 이동했을 것"[6]으로 다윈은 추정했다. 남극 근처에 지금은 사라져 버린 대륙이 있어서 이곳에서 고등식물이 처음으로 나타났거나 진화해 전 세계로 퍼져 나갔을 텐데, 이 대륙이 사라져 버리는 바람에 고등식물의 화석을 발견할 수가 없어 마치 고등식물이 어느 시기에 갑자기 급격하게 진화한 것처럼 보인다고 변명하는 것처럼 느껴진다.

---

6   다윈, 찰스(신현철 역주). 2019. 종의 기원 톺아보기. p.497.

2

◇◇◇◇◇◇

히어의 도전에 조용히 답하다

다윈은 거의 전 생애에 걸쳐 편지로 많은 사람들과 의견을 주고받았다. 헨슬로에게서 온 첫번째 도전을 권하는 편지에 응해서 5년의 세월을 비글호 탐험으로 보냈고, 후커가 도발한 도전에 응답하려고 따개비와 8년을 씨름했으며, 월리스가 보낸 편지로 인해 20년 묵은 생각을 2년 만에 풀어냈다. 누가 도전하든 다윈은 자신이 할 수 있는 한 최선을 다해 도전에 응했으며, 『종의 기원』도 발간했고, 자신이 하고 싶었던 어릴 적 친구인 식물과 관련된 연구와 조사, 실험에 푹 빠져 여러 권의 책도 발간했다. 그런데 쌍떡잎식물이 급격하게 진화한 상황에 대해서는 해답을 내놓지 못했다. 『종의 기원』 출간 이후에도 식물에 대한 연구를 계속했지만, 해답을 찾지 못했던 그에게 쌍떡잎식물의 급격한 진화와 관련된 비슷한 도전장이 계속해서 날아왔다.

첫번째 편지는 다윈의 지질학 선생이자 영원한 지지자였던 라이엘이 죽어 슬픔에 잠겨 있을 때인 1875년 3월 1일, 스위스 식물학자이자 고생물학자로 다윈의 진화 이론에 반대했던 히어 (Oswald Heer, 1809~1883)가 보냈다. 다윈은 『종의 기원』에서 히어가 "아마도 앞으로 마데이라(Madeira)섬의 식물상은 절멸한 유럽의 제3기 식물상과 비슷하게 보일 것"[7,8]이라고 주장했다고 언급한 바 있다. 히어는 다윈의 가장 아픈 곳을 건드렸는데, 다윈에게 보낸 편지에서 "만일 쌍떡잎식물이 백악기 초기에 시작했다고 주장할 수 있다고 하더라도, 현재 존재하는 식물 대부분을 차지하는 이 분류군이 지질학적 관점에서 보면 늦게 출현해서 아주 짧은 시간 내에 근본적인 변형이 일어났음을 우리는 인정해야만 한다"라고 주장했다. 아주 짧은 시간 내에 일어난 근본적인 변형이란 바로 쌍떡잎식물의 급격한 진화를 의미했다. 다윈은 3월 8일 히어에게 보낸 답장에서 "내가 설명하는 방식의 진화를 당신이 비록 가장 강하게 반대하지만, 백악기 말기에 이렇게도 많은 쌍떡잎식물이 갑자기 나타난 현상은 진화가 극단적으로 단계적으로 일어난다고 믿고 있는 사람을 가장 당혹스럽게 만들고 있는 것으로 나는 생각한다"라고 자신의 생각을 드러냈다. 자신을 당혹스럽게 만든 사건에 대해서 정확하게 설

---

7   대륙과 섬처럼 경쟁 환경이 다른 곳에서는 진화 속도가 다르다. 마데이라섬에서는 진화가 느려서 현재 마데이라섬의 식물상이 진화가 빠른 유럽대륙의 과거 식물상, 즉 제3기 식물상과 비슷할 수도 있을 것이라는 의미한다.

8   다윈, 찰스(신현철 역주). 2019. 종의 기원 톺아보기. p.151.

다윈의 식물들

명을 하지 못해 다윈은 히어의 질문에 이런 식으로 구차하게 답을 할 수밖에 없었을 것이다. 하지만 히어는 더 이상 문제를 제기하지 않았다. 마지막 도전에 대한 다윈의 첫번째 방어는 이렇게 조용히 마무리되었다.

3

◇◇◇◇◇◇

드싸포르타의 도전을 매섭게 몰아붙이다

다윈에게 두번째 도전장이 날아왔다. 프랑스의 고생물학자인 드싸포르타가 1877년 12월 16일에 쓴 편지가 도착한 것이다. 이 무렵 다윈은 케임브리지 대학교에서 명예법학박사 학위를 받고 나서 집으로 돌아와 식물과 관련된 마지막 책인 『식물의 운동 능력』을 쓰려고 준비하고 있었다. 드싸포르타는 1868년 9월부터 다윈과 편지로 의견을 주고받았는데, 1869년에 발간된 『종의 기원』 5판에서 "마데이라 제도의 식물을 연구한 가스통 드싸포르타"라고 언급된 바 있다. 드싸포르타가 보낸 프랑스어로 된 장문의 편지 일부는 다음과 같다.

선생님께서도 알고 계시겠지만 쌍떡잎식물에서 일어난 근래의
진화는 그 자체가 엄청나게 중요할 뿐만 아니라 명백하게 빠른

　　　　　　　　　　　　다윈의 식물들

진화 속도와 함께 가장 흥미로운 현상 가운데 하나로써 저를 사로잡고 있습니다. 선생님께서 밝히셨듯이 수정에 기여하는 곤충의 역할이 교잡의 필요성과 맞물려 모든 것을 설명합니다. 곤충의 특정 무리가 오랫동안 나타나지 않아 식물은 바람에만 의존해서 수정할 수밖에 없었습니다. 이로 인해 식물의 수와 다양성이 특정 한계를 절대로 넘어설 수 없었을 뿐만 아니라 (곤충들이 먹을 수 있는) 영양 물질과 (꿀처럼) 빨아먹을 수 있는 물질이 풍부하지도 다양하지도 않았습니다. 쥐라기에는 '빨아 먹는 곤충'들이 없었다는 점 때문에 저와 히어 씨는 큰 충격을 받았습니다. 저는 제가 쓴 『쥐라기 식물상』 1권 53쪽과 54쪽에서 곤충이 없거나 희귀하다는 점을 언급했습니다. (중략)

이제 우리는 꽃 피는 식물을 잘 알 수 있을 것입니다. 꽃 피는 식물이 만드는 꽃의 조합과 개체와 개체 사이 또는 꽃과 꽃 사이에서 일어나는 교배가 곤충에 의존하며, 곤충의 자극으로 인해 꽃 피는 식물이 나타나고 증가할 수 있었습니다. 곤충 입장에서도, 곤충의 수가 많아지고 움직임이 활발해질 수 있어서, 어떤 특정한 유형에만 집착할 수 있게 됩니다. 식물이 출현하면서 곤충의 존재 이유가 만들어지기 때문입니다. 따라서 식물과 곤충은 서로서로 연결됨으로써 서로 간에 어떤 원인이 됨과 동시에 어떤 결과를 만듭니다. 곤충이 없는 상태에서는 식물이 다양하게 만들어질 수 없으며, 곤충 역시 식물이 빈약한 상태나 바람에 의해 꽃가루받이가 일어나는 식물만 있는 상태에서는 많은 꽃가루와 꽃꿀을 공급받을 수 없습니다.

드싸포르타 자신도 이전까지 화석이 발견되지 않던 식물이 갑자기 나타난 점도 놀랍지만, 이들이 아주 빠른 속도로 급격하게 진화하여 오늘날과 같이 다양해진 점에도 놀랐다고 토로하고 있다. 이런 현상을 곰곰이 생각해보니 급격한 진화가 일어난 것은 확실한데, 이는 식물과 곤충의 상호관계에 따른 결과로 볼 수 있을 것 같다는 내용이다(Friedman, 2009). 그는 한 해 전인 1876년 9월 2일 다윈에게 백악기에 쌍떡잎식물의 진화가 빠르게 일어났다고 자신의 의견을 보냈다. 이에 대해 다윈도 9월 10일 "쌍떡잎식물의 급격한 발달에 관하여 말하자면, 히어 씨도 같은 생각을 하고 있는데, 나는 내가 회의적이란 점만 고백하고 싶다네. 물론 단순한 추측이겠지만, 나는 이 엄청난 식물 무리가 현재 존재하는 지구상의 어떤 지점보다 훨씬 더 완벽하게 고립된 어떤 지역에서 아주 서서히 발달했을 것으로 상상한다네"라고 답장을 보냈다. 다음해인 1877년 10월 11일 다윈은 다시 드싸포르타에게 편지를 보내 "최근 몇몇 자연사학자들이 생물의 발달이 일정한 간격을 두고 급격하게 일어났다고 주장하는데, (중략) 나는 이런 견해가 잘못이라는 내가 오래전부터 가졌던 믿음으로 돌아가려고 한다"라면서 급격한 진화에 대한 자신의 생각을 밝혔다. 급격한 진화는 없다고 에둘러 말하니 알아들으라는 것이다.

프랑스의 고생물학자 드싸포르타(Gaston de Saporta)의 초상(위)과 그의 저서 『인간이 나타나기 전의 식물 세계』에 수록된 '액상프로방스 호숫가의 복원' 그림

그럼에도 드싸포르타는 급격한 진화가 식물과 동물이 상호 관계를 맺고 이러한 관계를 토대로 서로 진화하는, 즉 공진화 형태로 실제로 일어났다고 다시 편지를 보내 다윈을 도발했다. 다윈은 이 도전에 날카롭게 응전했다. 크리스마스 전날인 12월 24일 다윈은 "꽃꿀을 빨아먹는 곤충이 진화하기 전까지 쌍떡잎 식물이 대거 발달하지 않았다는 당신의 생각이 나에게는 아주 인상적입니다. 나는 내가 그런 생각을 하지 못했다는 점에 깜짝 놀랐지만, 이는 누구라도 어떤 수수께끼 같은 현상에 대한 새롭고도 단순한 설명을 처음 들을 때는 마찬가지일 것이라고 생각합니다. 콜럼버스의 달걀 이야기처럼 오래된 이야기입니다. 꽃의 아름다움, 향긋한 냄새, 풍부한 꽃꿀 등이 꽃을 괴롭히는 곤충이 존재하기 때문이라고 가정할 수도 있습니다. 언젠가 당신이 출간하겠지만, 당신의 생각이 더욱더 발전되고 더 큰 영향력을 지니게 되기를 희망합니다. (지난번 편지에서 언급하신) 쌍떡잎식물이 발달한 다음인 후기 지질시대에 포유류가 엄청나게 번성한 것과 관련해서, 만일 사슴과 소, 말 등이 벼과식물과 바람에 의해 꽃가루받이가 되는 다른 외떡잎식물만을 먹었다면 이들이 결코 번성할 수 없었을 것이라는 점이 입증되어야 한다고 생각하고, 더불어 나는 이와 관련된 어떤 증거도 존재한다고 생각하지 않습니다"라고 답장을 보냈다. 다음해 2월 16일 다시 드싸포르타가 다윈에게 편지를 보내 쌍떡잎식물이 갑자기 나타나서 당황스러운데 이 문제를 해결해 달라고 부탁하였다. 그리고 이 이후에는 둘 사이에서 급격한 진화와 관련된 의견 교환은 사라졌다.

다윈의 식물들

콜럼버스의 달걀 이야기는 너무나도 널리 알려진 이야기이다. 누군가가 달걀을 세워보라고 했을 때, 다른 사람들은 둥그런 달걀을 어떻게 세우느냐고 말로만 아우성치는데 콜럼버스는 달걀의 일부를 깨트린 다음 세웠다. 엄청난 생각을 한 것 같지만, 실제로는 아무것도 아니라는 말이다. 다윈은 드싸포르타 당신이 쌍떡잎식물과 곤충의 상호작용을 강조하지만, 그런 생각은 누구나 할 수 있는 것이라고 면박을 준 것이다. 실제로 다윈은 『종의 기원』에서 꿀벌과 뒤영벌, 그리고 붉은토끼풀과 진홍토끼풀과의 관계를 자연선택의 사례로 설명했다. 또한 쌍떡잎식물과 곤충의 상호작용으로 식물과 곤충 모두 급격하게 증가했다고 한다면, 꽃꿀을 만들지 않는 벼과식물을 포함한 외떡잎식물에는 그렇게도 많은 포유류가 만들어졌는데도 왜 그렇게 많은 종류가 없는가라는 질문도 동시에 던진 것이다. 말도 안 되는 주장은 하지 말라는 권고인 것처럼 보이기도 한다. 드싸포르타와 다윈은 1881년에도 편지를 주고받았으나, 이 편지들은 해독이 어려운 손글씨로만 남아 있다. 이들이 모두 독해된다면 또 다른 이야기가 나올 수도 있을 것이나, 여기에서 멈춰야만 하는 아쉬움이 남는다.

4

◇◇◇◇◇◇

볼이 버릇없이 다윈에게 도전하다

세번째는 아일랜드 출신의 자연사학자 볼의 학회 발표였다. 다윈이 후커에게 "지독한 수수께끼"라는 문제의 편지를 보내기 직전, 볼은 1879년 6월 9일 왕립지리학회 저녁 모임에서 「유럽 알프스 식물상의 기원」이라는 논문을 발표했고, 발표 내용을 논문으로 출판하기 전에 교정을 보려고 출력한 견본 인쇄본을 8월 8일에 쓴 편지와 함께 다윈에게 보냈다.[9] 이 논문은 1879년 9월에 『왕립지리학회 보고서』 1권, 564쪽에서 589쪽에 걸쳐 인쇄되었다. 다윈이 "지독한 수수께끼"라는 표현을 쓴 편지를 후

---

9 Friedman, W.E. 2009. The meaning of Darwin's "Abominable mystery". p.14.; 볼이 언제 다윈에게 편지를 보냈는지는 확인되지 않고 있다. 다윈의 편지를 정리해둔 누리집 Darwin correspondence project(https://www.darwinproject. ac.uk)에도 이즈음에 볼이 보낸 편지는 없다. 후커가 볼의 발표를 듣고 질문도 했기 때문에 후커를 통해서 볼의 발표 내용을 다윈이 알았을 가능성도 있다.

다윈의 식물들

커에게 보내면서 볼의 논문을 보았다고 썼는데, 아마도 이 견본 인쇄본을 보았을 것이다.[10] 이 논문에서 볼은 급격한 진화 주제를 다시 꺼내면서 자신만의 독특한 견해를 밝혔다. 알프스 산맥에서 살아가는 고산식물은 빙하기에 이들 지역으로 퍼져 나간 식물의 잔재로 간주되는데, 다윈의 『종의 기원』 '9장 지질학적 기록의 불완전성'에 의하면 높은 산 정상에서 살아가는 식물이 화석으로 발견되기 어렵다는 점도 인정되므로 도대체 이들 식물은 어디에서 기원했는가라고 볼이 질문을 던진 것이다.

볼은 "제2기 동안 외떡잎식물은 수는 적으나 화석으로 발견되는데 이들의 친밀성[11]은 모호하다. 그러나 쌍떡잎식물에 속하는 고등한 유형의 출현은 백악기 중반이 될 때까지 직접적인 증거는 드러나지 않았다. 그러다가 어느 순간 북반구에서 이들의 화석이 널리 퍼져 발견되었고, 우리는 엄청나게 많은 종 무리를 발견하게 되었다. 이들 종 무리는 서로 다른 유형에 속하나, 대부분은 오늘날 살아 있는 식물과 거의 유사하므로 고생물학자들은 이들 화석을 현존하는 속에 소속시키는 것을 주저하지 않았다"(Ball, 1879)라고 주장했다. 외떡잎식물의 화석은 당시 알려진 것처럼 극소수로 발견되었으나, 쌍떡잎식물의 화석은 발견되지 않다가 갑자기 많이 나타났는데, 이들 화석 식물 대부분은

---

10 Darwin, F. and A.C. Seward. 1903. More letters of Charles Darwin. p.20.
11 친밀성은 공통부모로부터 물려받은 형질의 유사성이다.

현재 존재하는 식물과 많이 유사하다는, 즉 처음 지구상에 나타난 쌍떡잎식물이 지금까지 존재하고 있다는 주장을 그가 한 것이다. 게다가 볼은

접근 가능한 역사의 첫 단원에서 꽃 피는 식물(쌍떡잎식물)의 진화가 이미 어느 정도 진행되었다면, 현존 식물군이 생겨난 원형을 어디에서 찾아야 하며 또한 식물학자들을 매우 당혹스럽게 했던 쌍떡잎식물과 외떡잎식물의 간극을 메워줄 훨씬 더 오래된 유형은 어디에서 찾아야 할까요? 초기 화석층에 쌍떡잎식물 화석이 전혀 없다는 사실에 놀란 드싸포르타 씨는, 이 분야에서 가장 권위 있는 사람 중 한 분임에도, 제가 보기에 다른 가설들에 비해 더 가능성이 없어 보이는 가설을 하나 내놓는 데 그쳤습니다. 그것은 이러한 종류의 식물이 현재 우리가 아는 지역과 이전에 연결된 적이 없는, 즉 지구에서 서로 떨어진 곳에서 점진적으로 발달했거나, 또는 어떤 알려지지 않은 영향으로 인하여 진화 과정이 이례적으로 빨랐다는 것입니다.
제 생각에는 진화 이론을 폐기하든 현재 존재하는 꽃 피는 식물의 기원이 우리가 가지고 있는 직접적인 증거로 파악할 수 있는 시기보다 훨씬 더 오래전에 있었다는 것을 받아들이든 어느 것 하나도 선택할 수 없을 것으로 보입니다. 이는 그러한 증거들이 전혀 없기 때문입니다.(Ball, 1879)

라고 주장했다. 요약하면 쌍떡잎식물은 화석으로 발견되기 전

에 이미 출현하여 아주 빠르게 진화하고 있었는데, 증거가 없기 때문에 진화 이론을 폐기하는 것도 꽃 피는 식물이 우리가 알고 있는 것보다 훨씬 더 오래전에 만들어졌다는 것도 모두 수용하기 어렵다는 주장이다. 또한 볼은 대기 중의 이산화탄소 농도와 석탄층에 매몰된 탄소량을 비교하면서 꽃 피는 식물이 이산화탄소 농도가 낮은 고산 지역에서 시작하여 그 농도가 낮아진 산 아래로 내려왔는데,[12] 고산 지역이 화석으로 흔적을 남기기 어렵기 때문에 초기 꽃 피는 식물 화석이 발견되지 않는다고 주장했다. 오늘날 관점에서 보면 말도 안 되는 가설을 주장한 것이다.

다윈의 반응이 궁금할 뿐이다. 볼의 주장 중 쌍떡잎식물이 화석으로 발견되기 전에 이미 진화했다는 점은 다윈도 수긍했을 것으로 추정된다. 그러나 쌍떡잎식물의 역사가 화석으로 남겨지지 않았다고 한 점은, 화석으로 남겨져 있지만 화석을 담고 있는 대륙이 사라져 버려 아직까지 발견되지 않고 있다는 다윈의 생각과는 다른 점이다. 게다가 진화 이론을 폐기해야 한다는 주장이나 고산에서 꽃 피는 식물이 진화했다는 주장에 대해서는 다윈이 할 말이 없었을 것 같다. 다윈의 반응은 알려져 있지 않다. 볼이 다윈에게 자신의 원고를 검토해달라고 부탁했고, 다윈은 이 원고에 대한 검토 의견을 8월 13일에 써서 보냈다고 하나, 편지 자체는 사라지고 없다. 또한 영국의 식물학자로 큐 왕

---

12 Darwin, F. and A.C. Seward. 1903. More letters of Charles Darwin. pp.20-21.

립식물원에서 근무하던 티슬턴다이어(William Turner Thiselton-Dyer, 1843~1928)가 볼의 발표를 듣고 6월 10일 다윈에게 편지를 보내면서 이러저러한 평가를 내렸으나, 다윈은 7월 26일 티슬턴다이어에게 편지를 보내면서 별다른 이야기를 하지 않았다. 단지 후커에게 보낸 편지에 쓴 것처럼 다윈은 볼이 "상당히 버릇이 없다"라고 생각한 것으로 보인다. 하지만 후커는 알프스 식물상의 기원을 이산화탄소 농도로 추정하는 볼의 발표를 듣고 숨이 멎을 정도로 충격을 받은 것으로 알려져 있다.[13]

---

13 Ball, J.(1879)의 논문 마지막 589쪽에는 발표자의 원고에 대한 질문과 토의한 내용이 첨부되어 있는데, 후커와 관련된 부분은 이 마지막 쪽에 언급되어 있다.

다윈의 식물들

5

◇◇◇◇◇◇

수수께끼를 남겨두다

다윈은 첫번째 히어의 도전에는 가장 당혹스러운 일이라고 변명하면서 넘어갔고, 두번째 드싸포르타의 도전에는 도전자를 다소 매섭게 몰아붙였으나, 세번째 볼의 도전은 상당히 버릇이 없다고만 했다. 그러나 다윈은 꽃 피는 식물, 특히 쌍떡잎식물의 급격한 발달을 설명해야만 했다. 식물과 곤충의 상호관계로 다양성이 폭발적으로 증가했다는 드싸포르타의 주장이 타당한 것으로 받아들여지고 있었으므로, 단지 언제 폭발적으로 증가했는가라는 시기상의 문제만 남아 있을 뿐이었다.

다윈 스스로는 고등식물 또는 쌍떡잎식물이 급격하게 진화한 원인을 풀어낼 자신이 없었던 것으로 보인다. 도전자들의 주장에 다윈은 '당혹스럽다', '지독하다', '상당히 버릇이 없다'로 답변을 했을 뿐이며, "나는 이 문제가 해결되는 것을 보고 싶다"라고 간절히 바랐다. 그리고 1881년 8월 6일 후커에게 보낸 편지[14]에서 "나는 식물의 역사에서 고등식물의 명백하고도 갑작스런 발달보다 더 이례적인 것은 아무것도 없다고 생각하네. 때로는 어딘가에 오랜 세월 동안 극단적으로 고립된 대륙이 아마도 남극 근처에 존재하지 않겠는가라고 추측했네"라고만 언급했다. 이러한 추측에 대한 증빙 자료는 전무한 상태였을 것이다.

그로부터 며칠 뒤인 8월 12일 다윈은 후커에게 고등식물의 진화에 대한 내용의 편지를 보내면서 "나는 꽃 피는 식물 중 고등식물이 갑자기 나타난 것에 깜짝 놀랐다네. 그리고 때로 아마도 남극 근처에 있는 어떤 고립된 대륙 또는 큰 섬에서 오랜 기간 동안 발달이 서서히 진행되었을 것이라고 상상해 보았다네. 마치 지금 자네와 이야기 나누고 있는 것 같은데, 내가 생각했던 무의미한 내용을 넘두리하네"[15]라고 했다. 이 편지가 식물의 진화와 관련해서 다윈이 보낸 마지막 편지일 것이다. 다윈은 넘두리하는 것으로 고등식물의 진화에 대한 자신의 생각을 마무리했다.

---

14 이 편지는 Friedman(2009) 14쪽에 있는 내용이다. 이 편지는 다윈의 편지를 정리해 둔 누리집 Darwin correspondence project(https://www.darwinproject.ac.uk)에서는 확인이 되지 않는다.

15 Darwin, F. and A.C. Seward. 1903. More letters of Charles Darwin. p.26.

더 이상의 설명은 다윈에게서 찾을 수 없다. 결국 다윈은 고등식물이 왜 급격하게 발달했는지를 후학들에게 지독한 수수께끼로 남겨두었다. 물론 어디가 어디인지에 대한 답도 찾아달라고 자신의 유산으로 남겨두었다. 헨슬로에게서 식물학을 배웠고, 식물과 관련된 6권의 책을 비롯하여 많은 논문과 글도 발표했지만, 고등식물에 대한 본질적인 질문, 즉 어떻게 어디에서 기원했는지에 대해서 다윈은 아무런 말도 할 수 없었다. 식물을 사랑했지만, 식물 때문에 말년에 미치도록 힘들지 않았을까. 다윈은 "수수께끼 중의 수수께끼"는 풀었지만 "지독한 수수께끼"는 해결하지 못하고 다음 세대의 과제로 남겨두었다.

다윈은 1882년 1월 20일 후커에게 『큐 왕립식물원 식물목록』 간행을 위해 연간 250파운드를 기부한다는 편지를 보냈다. 아마도 다윈이 후커에게 보낸 생애 마지막 편지일 것이다. 그리고 4월 19일 수요일 오후 4시에 세상을 떠났다. 위대한 혁명가이자 뛰어난 과학자가 숨을 거둔 것이다. 그리고 일주일 뒤인 4월 26일 다윈은 웨스트민스터 사원에 묻혀 영원한 안식을 얻었다.

6

◇◇◇◇◇◇

잃어버린 대륙을 다시 찾다

다윈이 죽고 나서 한 세기 이상이 지난 1995년, 미국의 지질학자인 루옌덕(Bruce Peter Luyendyk, 1943~)이 지금까지 알려지지 않았던 새로운 대륙이 오세아니아 일대 수심 1km가 넘는 곳에 존재한다고 주장하면서, 이 대륙의 이름을 질랜디아(Zealandia)라고 불렀다(Luyendyk, 1995). 그리고 2017년 뉴질랜드 지질핵과학연구소 지질학자 등 연구진 11명이 질랜디아가 실제로 존재한다고 입증했다. 이 대륙은 오늘날의 오스트레일리아, 뉴질랜드, 뉴칼레도니아를 연결하는 대륙으로 존재했을 것으로 추정되는데, 고생대 후기에서부터 중생대에 걸쳐서 남반구에 존재하던 초대륙 곤드와나가 분리되면서 만들어진 것으로 알려졌다. 곤드와나 대륙은 현재의 남아메리카, 아프리카, 인도, 남극, 오스트레일리아 등을 포함하는 대륙이었다.

　　　　　　　　　　　　　　　　다윈의 식물들

이 대륙이 1억 3,000만 년에서 8,500만 년 전에 남극대륙과 오스트레일리아와 질랜디아 대륙판으로 분리되었고, 이후 8,500만 년에서 6,000만 년 전 사이에 오스트레일리아와 질랜디아 대륙으로 다시 분리되었다. 질랜디아 대륙은 2,300만 년 전에 해수면 아래로 가라앉았으나, 뉴질랜드와 뉴칼레도니아 지역만은 수면 위에 존재하게 되어서, 질랜디아 대륙의 90% 이상이 물에 잠긴 것으로 추정하고 있다. 또한 이 대륙에 구멍을 뚫어 8,000점 이상의 화석 표본을 채취했는데, 이 화석들에서 꽃 피는 식물의 꽃가루가 확인됨에 따라 새로운 가능성이 연구되고 있다. 말하자면 다윈이 "어떤 격리된 대륙 또는 큰 섬, 아마도 남극 근처에 있는 어떤 격리된 대륙 또는 큰 섬"으로 추정한 대륙이 바로 질랜디아일 가능성이 있다는 점이다. 그리고 백악기는 약 1억 5,000만 년 전부터 시작되는데 꽃 피는 식물의 화석이 이 시기에 발견되지 않았으므로 질랜디아가 대륙으로 존재했다면 꽃 피는 식물이 이 시기에 이 대륙에서 진화했을 가능성도 있다는 점이다.

실제로 질랜디아 대륙이 가라앉으면서 남은 뉴칼레도니아에는 지금까지 가장 원시적인 꽃 피는 식물로 알려진 암보렐라(*Amborella trichopoda*)가 자생하고 있는데, 이 식물은 전 세계적으로 이 섬에서만 자라고 있다.[16] 이는 다윈이 추정한 것처럼 아

---

16 뉴칼레도니아는 한때 물속에 잠겨 있다가 3,700만 년경에 다시 솟아난 것으로 추정되고 있는데, 이 섬에서 자라는 암보렐라(*Amborella trichopoda*)는 뉴칼레도니아가 다시 솟아난 다음 남아 있던 다른 대륙에서 이동한 것으로 간주되고 있다(Sgorbati et al., 2018).

마도 질랜디아 대륙에서 꽃 피는 식물이 맨 처음 만들어져 전세계로 퍼져 나갔을 것이라는 추정을 가능하게 한다. 그러나 뉴칼레도니아와 뉴질랜드에 있던 식물과 다른 대륙으로 이동했던 꽃 피는 식물을 제외한 질랜디아 대륙에 있던 꽃 피는 식물은 모두 절멸했다. 한편, 최근 게놈 연구로 파악한 가장 최근의 꽃 피는 식물 공통조상은 2억 1,400만 년 전에 나타난 것으로 추정되었는데, 1억 3,000만 년 전에서 1억 4,000만 년 전보다 더 오래된 신뢰할 수 있는 꽃 피는 식물 화석 기록은 발견되지 않고 있다. 이러한 점은 화석 기록보다 훨씬 전에 꽃 피는 식물이

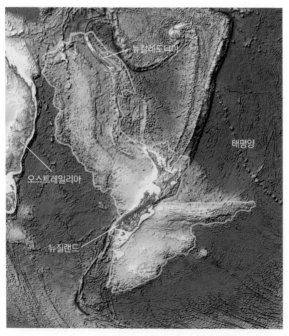

바닷속에 가라앉아 있는 질랜디아(Zealandia) 대륙(분홍색 선으로 표시)

지구상에 나타났음을 보여주는데, 다윈이 말한 것처럼 꽃 피는 식물이 급격하게 발달한 것이 아니라 거의 1억 년에 걸쳐서 서서히 진화했다는 점을 반증하는 것이다.

최근 지질학 연구 결과에 따르면, 꽃 피는 식물이 처음으로 출현했을 것으로 추정되는 백악기 초반, 약 1억 1,000만 년 전에는 지구의 해수면이 오늘날보다 300m 정도 높았고, 남북위 50도까지는 열대 기후 지대이고 그 이상은 온대 기후 지대로 파악되었다. 이 시기는 오늘날 보는 모습처럼 남아메리카, 아프리카, 남극, 오스트레일리아 그리고 인도 등이 분리되어 서서히 멀어져가고 있었는데, 특히 남극과 오스트레일리아는 아직은 거의 붙어 있었고, 북극과 남극이 중위도 지역에 있다가 고위도 지역으로 이동하기 시작했던 것으로 추정되고 있다. 그러다가 백악기 중반에 들어서면서 남극과 오스트레일리아, 즉 질랜디아 대륙이 분리되었고, 7,000만 년 전에는 북극과 남극이 현재 위치로 이동한 것으로 파악되었다. 따라서 꽃 피는 식물이 백악기 초반에 지구상에 처음 출현했다고 하더라도 이들이 살던 지역 대부분이 오늘날에는 바닷물 속에 잠겼을 것이므로 이들의 화석을 찾기까지는 더 많은 시간이 필요할 것으로 보인다.

다윈은 1879년 7월 22일 후커에게 보낸 편지에서 "아마도 오랜 시간 동안 하나의 아주 조그만 격리된 대륙이 남반구에 있었고, 이곳이 고등식물의 발상지 역할을 했을 것이라고 생각하고 싶다네. 물론 이런 생각은 비참하게도 결함투성이의 추측이 겠지"라고 언급했다. 또한 『종의 기원』에서는 "빙하기가 시작하기 이전의 따뜻한 시기의 남반구와 북반구를 조사하고 싶다는 유혹에 빠졌는데, 현재는 눈으로 덮여 있는 남극대륙이 빙하기 이전에는 아주 특이하고 격리된 식물상을 유지하고 있었을 것이다. 이 식물들이 빙하기로 인해 몰살당하기 전에 일부 유형들이 남반구 여러 지점으로 우연한 운반 수단과 현재는 물속으로 가라앉아 버린 섬들을 중간 휴게소처럼 이용하면서 광범위하게 퍼져 나갔을 것으로, 또는 아마도 빙하기가 시작되면서 빙하를 타고 이동했을 것"[17]으로 추정했다. 다윈의 이러한 추측은 당시에는 비참하게도 결함투성이였을지 모르겠지만, 오늘날에는 아주 그럴듯한 하나의 가설로 자리를 잡게 되었다. "지독한 수수께끼"가 어느 정도 해결되고 있다. 다윈이 식물 때문에 미치도록 힘들었을 것인데, 이제는 식물과 편안하게 지냈으면 하는 바람이다.

---

17 다윈, 찰스(신현철 역주). 2019. 종의 기원 톺아보기. p.497.

맺음말

◇◇◇◇

다윈과 식물, 그리고 진화

다윈은 웨스트민스터 사원에서 영국의 수학자이자 천문학자인 허셜(John Herschel, 1792~1871)을 다시 만났다. 허셜은 다윈의 스승이자 지질학자인 라이엘이 『지질학 원리』라는 책을 출간하자 이를 축하하기 위해 1836년 2월 20일 라이엘에게 편지를 보냈는데, 이 편지에 "수수께끼 중의 수수께끼"라는 표현을 사용했다. 그 당시 사회에서는 신만이 종을 창조하는 것으로 알고 있었다. 생물종이 사라지기만 하고 종이 새롭게 만들어지지 않는다면 지구에는 다양한 생물이 존재하지 않을 것이나, 다양한 생물은 실제로 존재하고 있었다. 이처럼 다양한 생물이 존재하는 이유를 모르겠다고 하면서 절멸한 종이 다른 종으로 대체되는 것을 "수수께끼 중의 수수께끼"라고(Warner, 2009) 허셜은 일

컬었다. 다윈은 비글호를 타고 영국으로 귀국하는 도중인 1836년 6월 3일 남아프리카 케이프타운에서 허셜을 만난 후, 『종의 기원』 첫 쪽에서 "이 사실들은 종의 기원을 규명할 실마리처럼 보였는데, 우리의 위대한 철학자 중 한 사람은 종의 기원을 수수께끼 중의 수수께끼라고 말했다"[1] 라면서 허셜을 위대한 철학자로 칭송했다. 그는 허셜이 낸 수수께끼 중의 수수께끼를 『종의 기원』에서 풀어냈지만, 자신이 후커에게 드러낸 지독한 수수께끼는 자신의 생애에 풀지 못했다. 생명 현상이 보여주는 두 개의 수수께끼를 냈던 두 사람이 이제는 나란히 누워 있다.

다윈은 어려서부터 식물과 함께 지냈다. 집 주변에 식물도 많았고, 부모가 식물에 대한 이야기도 알려주었고. 요샛말로 식물친화적인 어린 시절을 보낸 것이다. 그러면서 다윈 자신도 식물을 잘 알고 있다고 생각했던 것 같다. 단지 식물을 잘 알고 있는 것과 식물을 이해하는 것은 조금 다를 뿐이다. 아마도 이런 점 때문에 다윈이 당황하지 않았을까? 우리가 주변에 있는 식물만 바라보면서 다 알고 있다고 생각하고 있다가 자신이 살던 공간을 벗어나 다른 공간, 특히 외국으로 갔을 때, 그곳에 자라는 또 다른 식물을 바라보면 '이것이 무엇일까?' 하고 약간은 당황하듯이 말이다. 내가 알고 있는 식물이 전부가 아니라는 느낌이 든다고나 할까. 다윈이 갈라파고스 제도의 동식물을 조사하면

---

1   다윈, 찰스(신현철 역주). 2019. 종의 기원 톺아보기. p.11.

서 남긴 "식물학자도 되어야만 할까?"라는 메모를 이런 식으로 이해해도 무방할 것 같다.

다윈은 식물을 잘 알고 있는 것을 뛰어넘어 이해하려고 노력했다. 때로는 주변의 도움으로 식물을 채집하고 관찰했지만, 자신이 단순히 알고 있던 식물로부터 미지의 사실을 밝혀 음미했다. 우리가 겹꽃을 보며 수술이 변해서 꽃잎이 되었다는 생각을 감히 할 수 있었겠는가. 영국에서 흔히 자라는 앵초 종류의 꽃에서 암술이 길고 수술이 짧은 경우와 이와는 반대인 경우를 단순한 변이가 아니라 식물이 생존을 위해 몸부림친 결과로 받아들이듯이. 다윈은 식물에게 겸손하게 말을 걸기도 하고, "요 녀석들아!"라고 꾸짖기도 하면서 식물을 이해하려고 했다. 이러한 다윈의 노력이 식물과 관련된 6권의 책으로 탄생되었으며 식물학의 새로운 지평을 여는 계기가 되었다.

다윈은 "수수께끼 중의 수수께끼"인 새로운 종이 출현하는 과정을 설명하려고 5년에 걸친 비글호 여행과 그 이후 20여 년에 걸친 직접적이고 정확한 실험을 하면서 연구를 거듭했다. 그리고 실험과 조사 결과를 근거로 추측할 수 있는 기초, 즉 생물이 창조된 것이 아닐 것이라는 가설을 만들었다. 이와 동시에 자신만의 환상에 이끌리지 않고 인간이 지닌 이성의 힘을 믿고 지속적으로 자연에 귀를 기울였으며, 마침내 자연이 제기한 수수께끼를 풀어냈다. 하지만 이 수수께끼를 풀면서 새롭게 만들어진 또 다른 "지독한 수수께끼", 꽃 피는 식물의 기원을 다윈은 해결하지 못했다. 처음부터 다윈이 이 수수께끼에 도전했다면 이미 수수께끼는 아닐 것이다. 잘 알고 있다고 생각했던 식물을 가지고 다윈은 많은 실험, 때로는 터무니없는 실험을 했고 식물을 이해할 수는 있었지만 수수께끼는 풀지 못하고 지독한 상태로 후학들에게 남겼다. 아마도 허셜에게 "저도 수수께끼 하나쯤은 남겨두어야 하지 않을까요?"라고 말하고 있을 것만 같다. 수수께끼 전문가 두 사람이 잠자고 있는 곳을 찾아가서 지금은 어떤 수수께끼를 해결하는 중인지 물어보면 답을 해줄까? 궁금하다.

부록

◇◇◇◇◇◇

1. 헨슬로가 1830년에 발표한 앵초류 논문

2. 다윈이 식물과 관련해서 쓴 첫번째 글, 겹꽃의 기원

3. 다윈이 1839년부터 기록한 "질문과 실험"

4. 다윈이 1839년 원예학자 허버트에게 보낸 10가지 질문과 답

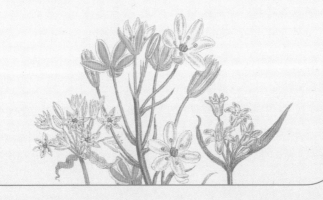

◇◇◇◇◇◇

영국앵초, 옥스립앵초, 카우슬립앵초 그리고 다화앵초의 독특한 정체성에 대하여[1]

여러분.

식물생리학에 대한 우리의 지식은 어떤 식물종이 변할 수 있는 엄밀한 범위를 구분하도록 하는 정확한 규칙을 제공할 만큼 지금까지 충분히 발전하지 못했습니다. 그에 따라 가장 정확한 관찰자들도 둘 또는 그 이상의 개체들을 같은 종에 속하는 단순한 변종으로 간주해야 하는지 또는 서로 다른 종으로 간주해야 하는지에 대해 때로 서로의 견해를 달리하고 있습니다. 실제로 우리가 지닌 능력으로 좀 더 정확하게 구분하면 할수록, 우리는 점점 더 많은 종을 만들게 됩니다. 하지만 확실하게 파악하기는 어렵지만 믿을 만한 것으로 입증된 어떤 사실들이 있는데, 이 사실들은 노련한 자연사학자들이 너무나도 완벽하게 지니고 있는 식별 능력에 대한 권위를 떨어뜨리고, 결국 질문에 대한 최종 해결책이 거의 또는 전혀 의미가 없다고 (그럴 것 같지는 않지만), 우리를 설득하고 있습니다. 이제는 직접적이고 정확한 실험에서 추출된 다양한 결과들만이, 다른 종류의 과학 분과보다는, 우리가 연구하는 과학에서 추측할 수 있는 기초를 형성하는 것 같습니다. 한 가지 잘 입증된 사실이 그럴듯한 추측들을 흔들 것입니다. 그리고 만일 자연이 자신만의 방법으로 만든 수수께끼를 우리에게 알려주려고 할 때 우리가 자연에

---

[1] 헨슬로가 1830년 『자연사 잡지』 3권, 406~409쪽에 게재한 논문이다.

귀를 기울이지 않는다면, 자연이 스스로 보여주는 더 많은 정당한 이유에 고개를 숙이지 않고 오히려 자신만의 환상에 이끌려가는 상태에 갇혀 있음을 확실하게 알게 될 것입니다. 우리가 식물을 재배하면서 알고 있듯이, 같은 종에 속하는 아주 이상한 변종이 수없이 만들어집니다. 아주 주목할 만한 점은, 이러한 변종이 한 번 만들어지면, 씨앗으로부터 만들어진 작물을 지속적으로 재배함에 따라, 이따금씩 우연히 원래 무리라고 간주하는 무리로 되돌아가는 경우를 제외하고는, 때로는 영속적으로 존재하게 된다는 것입니다. 그러나 우리가 먹는 식물 가운데 널리 알려진 수많은 사례를 대충 훑어보면, 우리는 부모가 되는 식물에서 발견되는 알록달록 줄무늬가 있는 사이카모단풍의 많은 묘목들을 볼 수 있는데, 같은 종류에 속하는 일부 개체에서는 이런 특징이 사라졌습니다. 따라서 만일 확실한 검증 방법이 없다면, 단지 어떤 유형이 씨앗 상태를 통해 형질이 변하지 않고 번식할 수 있다는 점을 우리가 발견할 수 있으므로, 개개인이 이 유형을 뚜렷하게 구분되는 종이라는 계급을 부여할 수 있도록 해야만 합니다. 아직은 종을 정확하게 판별할 수 있는 그 어떤 증거도 없으므로, 같은 개체는 오랜 세월 동안 같은 형질을 보유하고 있어야만 합니다. 이와는 반대로, 한 유형에서 또 다른 유형으로 변화한 사례가 단 하나라도 있다면, 씨앗으로부터 만들어졌거나 개체를 재배하면서 만들어졌거나 상관없이, 만일 제대로 입증할 수 있다면, 대다수의 영구적인 유형을 공통의 변종이라는 하위의 위치로 낮추는 것이 사실상 충분하다는 점은 명확해집니다.

잡종 형성과 관련되어 지금까지 알려진 것들은 이런 연구들이 질서를 유지했다고 하는 것보다는 오히려 혼란만을 가중시켰습니다. 비록 어떤 경우에는 잡종으로 추정된 개체의 부모가 모든 가능성을 고려해볼 때 다른 종에 속할 수도 있지만, 이들 부모가 아마도 결국에는 같은 종에 속하는 단순한 변종에 지나지 않는 것으로 밝혀질 것입니다. 이런 측면에 작용하는 자연의 법칙이 실제로 무엇인지 우리는 거의 찾지 못할 것입니다. 인접한 학문인 곤충학에서 대응관계를 찾고자 한다면, 스테펜스 씨가 그레이트브리튼섬에서 발견하여 『영국 곤충의 계통 목록』에서 언급한 십점점박이무당벌레(*Coccinella variabilis*)에 속하는 19개 변종이 단 하나의 종에 속한다고 곤충학자들이 확신하고 있음을 우리가 비로소 최근에야 발견했다는 점입니다. 스테펜스 씨는 영국에 분포하는 아도니스무당벌레(*Coccinella mutabilis*)에 속하는 19개 변종도 비슷하게 처리했는데, 이들 변종 하나하나를 과거에는 뚜렷하게 구분되는 종으로 간주했습니다. 또 다른 실험이 머지않아 식물학자에게 제공될 것이며, 이들이 연구하는 종의 분류학적 계급을 낮추는 데 필요한 일부 만족할 만한 검증 방법을 제시할 것입니다.

이 주제와 관련해서 특히 흥분되는 관심거리가 있는데, 린네의 오래된 견해에 대해 최근의 식물학자 대부분이 제기하는 반대 의견, 즉 영국앵초, 옥스립앵초, 카우슬립앵초 그리고 다화앵초 등이 모두 한 종에 속하는 변종에 불과하다는 점이 발표되었습니다. 린네가 어떤 근거로 자신의 견해를 발표했는지 나는 잘 모릅니다. 그러나 귀족이자 목사인 허버트 씨가 『영국 곤충의 계통 목록』 19권에 발표한 잡종의 생성과 관련된 논문에는 자신이 하고자 했던 (허버트가 『정원 만들기 백과사전』에서 넌지시 언급했던) 한 종류의 실험이 기록되어 있는데, 이 실험의 정확성을 신뢰하는 사람은 그 누구라도 이러한 증거를 반대할 수 없을 것입니다. 허버트 씨는 다음과 같이 말했습니다. "나는 거름을 많이 주면서 자라게 한 붉은색 카우슬립앵초[2]에서 받은 정상적인 씨앗

2 카우슬립앵초는 일반적으로 노란색 꽃을 피우나, 드물게 붉은색 또는 오렌지색 꽃도 피운다.

다윈의 식물들

을 발아시켜 영국앵초, 카우슬립앵초, 통상적인 꽃색과는 다른 색을 지닌 옥스립앵초, 검은색의 다화앵초, 호스인호스카우슬립앵초[3], 꽃자루에 많은 꽃이 달리는 자연산 영국앵초 등을 키웠습니다. 또한 지금까지 나는 호스인호스카우슬립앵초의 씨앗으로부터 호스인호스영국앵초도 키웠습니다. 따라서 나는 이들 모두를 지역에 따른 토양과 환경 조건에 따라 만들어진 지역적인 변종에 불과한 것으로 간주하려고 합니다." 1826년 4월 케임브리지에서 몇 킬로미터 떨어진 웨스트호에라고 부르는 장소에서 내가 목격했던 이런 상황을 기억해내기 전까지는, 나는 허버트 씨의 실험을 거의 신뢰하지 않았음을 고백합니다. 나는 그곳에서 엄청나게 특이하면서도 다양한 앵초류를 발견했는데, 이들을 이전까지는 옥스립앵초로 불러야 할지, 카우슬립앵초로 불러야할지 거의 알지 못했습니다. 잎들은 옥스립앵초나 카우슬립앵초로 부르던 보통의 개체들의 잎보다 조금 더 컸고, 털들은 더 많이 달렸습니다. 꽃들은 산형꽃차례에 무리 지어 피었는데 일부는 땅을 향해 있었으나 일부는 하늘을 향해 있었고, 크기와 형태도 일반적인 카우슬립앵초의 꽃에서부터 옥스립앵초의 꽃에 이르기까지 다양했습니다. 꽃색도 노란색 계통의 밝은색에서부터 영국앵초의 통상적인 색조를 띠었습니다. 이러한 변종들은 잡목림이나 평야 등 도처에서 다양하게 자라지만, 나 자신뿐만 아니라 나와 같이 있던 내 친구들도 주변에서 단 하나의 영국앵초도 발견하지 못했습니다. 또한 분명한 카우슬립앵초도 상대적으로 거의 발견하지 못했으나, 이들은 변종들 사이에서 여기저기 흩어져 있었습니다. 내가 이들 식물들을 처음으로 발견했던 바로 그 시간에, 매우 놀랍게도, 전년도에 꽃이 피었을 때 내 정원으로 옮겨 심었던 카우슬립앵초 한 개체가 그해에는 완전히 전혀 다른 모습을 보

---

3 꽃받침이 마치 꽃부리처럼 발달하여, 꽃부리가 두 층으로 보이는 앵초의 한 유형이다.

여주었기 때문입니다. 그해에는 꽃부리의 판연[4] 부위가 더 평평할 뿐만 아니라 넓어졌고, 색은 더 연해졌으며, 전체적인 겉모습은 옥스립앵초와 더 비슷해졌습니다. 그 다음해(1827년) 봄에는 이 개체에서 한 송이 꽃을 피운 근생화경과 여러 개의 꽃을 우산처럼 매달고 있는 근생화경이 만들어졌는데, 한 송이씩 핀 꽃은 흔히 볼 수 있는 영국앵초에 비해 조금은 작았고 좀 더 진한 색을 띠었습니다. 꽃이 피고 난 다음 뿌리가 시들어서 식물체를 여러 개의 작은 조각으로 구분해서 다시 심었더니 꽃이 또 피었는데, 어떤 근생화경에서는 꽃이 하나씩 피었고 다른 근생화경에서는 꽃이 여럿 달렸습니다. 나는 이처럼 꽃을 한 송이씩 피우는 근생화경과 여러 개를 동시에 피우는 근생화경을 지닌 개체들이 주변에서 매우 흔하다는 점을 발견했습니다. 이들이 『런던 식물지』에 있는 그림과 비슷했는데, 후커 박사는 이 그림의 식물을 옥스립앵초라고 부른 반면에, 스미스 경은 『영국 식물지』에서 영국앵초의 한 변종으로 간주했습니다.

나는 내 정원 그늘진 곳에 자라던 몇몇 카우슬립앵초의 씨앗을 채집해서 비슷한 조건에서 씨앗을 뿌렸습니다. 이 씨앗들이 자라 몇 개체가 만들어졌는데, 이들이 지닌 형질은 아주 상당히 다양하게 변했습니다. 이 중 하나는 완벽하게 영국앵초였으며, 나머지 모두는 웨스트호에서 관찰한 연한 색을 띤 변종과 다소 비슷했습니다. 그 어떤 개체도 흔히 볼 수 있는 카우슬립앵초의 분명한 형질을 지니고 있지 않았습니다.

나는 이러한 결과가 만들어진 실험에서 그 어떤 결함도 인지하지

---

4 통꽃에서 갈라져 있는 꽃부리 부분으로 마치 꽃잎처럼 보인다.

다윈의 식물들

못했습니다. 그러나 만일 의심하는 사람이 누구든지 간에 극도의 정확성을 아직도 요구한다면, 나는 그 사람에게 카우슬립앵초의 씨앗이 곤충에 의해 맺히지 않도록 주의하면서 실험을 반복해보라고 권하고 싶습니다. 곤충이 잡종을 만들 가능성을 피해야만 합니다. 씨앗은 축축한 상태에서 뿌려야 하며, 이런 상황에서 자란 식물에서 반복적으로 씨앗을 선택해야만 합니다. 이러한 상황들의 조합이 영국앵초가 지닌 형질이 나타나는 데 더 좋기 때문입니다. 허버트 씨가 채택한 과정이, 즉 그가 채집한 씨앗을 뿌려 카우슬립앵초를 키우면서 많은 거름을 주는 방식이 아마도 조금은 더 성공을 보장할 수도 있을 것입니다.

만일 여러분 아는 사람 중 어떤 사람이라도 잉글랜드 내 다른 지역에서 이러한 실험을 반복하도록 설득당한다면, 그리고 성공하든 실패하든 상관없이 여러분에게 그 결과를 제공한다면, 그들은 이 주제와 관련된 마지막 설명에 아주 좋은 정보를 제공했다고 할 수 있습니다. 그리고 허버트 씨가 지금까지 대중에게 자신이 관찰한 결과를 보다 상세하게 보여주었다면, 그는 이러한 탐구를 수행하고자 하는 사람들에게 헤아릴 수 없이 귀중한 혜택을 제공했을 것입니다. 이러한 실험 결과를 계속해서 등록할 때, 참고하고 비교하기 위해서 가장 좋은 형태는 서로 다른 종류를 대상으로 실험을 하고 그 결과를 수리적으로 분류하여, 서로 다른 주제로 우연한 관찰 결과에 대한 촌평을 하며, 표로 정리하고, 모든 실패나 만족스럽지 않은 결과에 대해 언급하는 것을 누락하지 않도록 조심해야 할 것입니다.

저는 헨슬로 경입니다.

부록 2 다윈이 식물과 관련해서 쓴 첫번째 글, 겹꽃의 기원

◇◇◇◇◇◇

겹꽃의 기원[1]

동봉된 표본들이 나에게는 아주 흥미로워 보였습니다. 이것들이 겹꽃의 기원과 어느 정도 관련 있어 보였기 때문입니다. 이는 야생에서 발견되는 아마렐라용담(*Gentiana amarella*)으로, 눈처럼 보이는, 더 정확히는 극히 작은 겹꽃이 달려 있습니다. 각각의 두상화[2]에는 꽃잎처럼 생긴 작은 자주색 인편들이 셀 수 없을 정도로 많이 붙어 있고, 두상화 중앙에는 훨씬 더 작은 초록색 인편으로 이루어진 다발이 장식처럼 달려 있습니다. 이런 작은 두상화들로 덮여 있는 식물은 이따금씩 꽃을 피우는데, 특히 줄기 가장 윗부분에 한두 개의 갖춘꽃을 피웁니다. 이들을 조사해보면, 수술들이 기형으로 되면서 작은 꽃잎과 인편으로 변하는 일련의 과정을 볼 수 있습니다. 암술의 변화 과정도 추적할 수 있는데, 점점 더 잎 모양으로 됩니다. 암술의 변화는 여러 꽃들에서 발견되나, 수술은 거의 완전하게 남아 있었습니다. 같은 방식으로 나는 겹꽃인 제비꽃 종류를 비롯하여 정원에 피어 있는 다른 꽃들에서도 알려진 것과는 다르게 수술보다 암술이 먼저 변형되는 것을 발견했습니다. 용담속(*Gentiana*)의 또 다른 반-갖춘꽃들에서는 화관 열편과 수술대의 수가 증가했는데, 수술대는 편평했습니다. 또 다른 경우, 5가지의 정상적인 수술 말고도, 불완전한 상태이긴 하지만, 화관

---

1 이 글은 다윈이 1843년 『정원사 신문』에 게재한 것이다.

2 원본에 'head'로 되어 있는데, 두상화서가 혼동될 수 있어, 두상화로 번역했다. 근생 화경 끝 부분에 꽃들이 모여 달리는 상태를 두상화로 부른 것으로 보인다.

열편이 부분적으로 수술과 같은 모양으로 변환되었습니다. 만약 이 변환이 제대로 이루어졌다면 꽃은 꽃잎이 없는 상태가 되었을 것입니다. 나는 지난여름에 그늘진 숲속에서 자라는 고추나무속(*Staphylea*)에 속하는 유럽고추나무에서 비슷한 사실을 알아차렸는데, 말하자면 꽃잎이 추가적으로 수술로 변하는 경향을 보여준다는 것입니다. 작은 다발처럼 자라는 용담속 식물들은 일반적으로, 항상 그런 것은 아니지만, 완전한 식물보다 키가 더 작게 자랍니다. 잎들은 덜 뾰족하고, 식물은 전체적으로 덜 대칭적입니다. 하나의 식물에서 갖춘꽃보다 안갖춘꽃의 개수가 더 많다는 점은 내가 추정하기에는, 변형이 식물의 삶에서 이른 시기에 결정되어야 한다는 것입니다. 이러한 자줏빛 꽃송이는 작고, 덜 아름다우며, 때로는 서로 다른 변형 단계에 있는 꽃들이 같은 꽃대에 원예학자들이 말하는 겹꽃의 본성과 근본적으로 비슷해 보입니다.

용담속 식물들은 이 두 상태가 모두 아주 딱딱하고 메마르게 노출된 석회질 강둑에서 섞여 자랍니다. 그런데 발육부진인 꽃을 가진 개체는 그중에서도 가장 열악한, 무엇인가가 자란다는 것이 놀라울 지경인 곳에서 자랍니다. 여러분들은 『원예학 이론』에서 겹꽃의 기원이 잘 이해되지 않는다고 했습니다. 어떤 원예학자들은 겹꽃이 영양분의 과잉 섭취에 따른 것이라고 했으나, 메마른 석회질 강둑은 당연하게도 기름진 땅은 아닙니다. 그리고 나는 지난 늦가을에 인접한 불모지에서 기는미나리아재비(*Ranunculus repens*) 여러 개체가 반-겹꽃을 피우며 일부는 3열의 꽃잎을, 몇몇에는 꽃잎이 더 많은 열에 달려 있는 것을 발견했다는 것도 언급하려 합니다. 겹꽃이 부분적으로 또는 전반적으로 생식불가능이 된다는 것은 일반적으로 꽃잎이 중복되어 있다는 점에 기인합니다. 그러나 이런 설명은 본말이 전도된 것은 아닐까요?

식물이 원래 그들이 처한 자연 환경이 아닌 곳에서 자라게 되면 (동물들도 마찬가지인데, 나는 일련의 사실들을 보여줄 수 있습니다) 사소하고 알아차리지 못할 원인들에 의해 생식불가능이 된다는 것은 잘 알려진 사실입니다. 얼마나 많은 아메리카 대륙의 식물들이 우리나라에서 꽃가루를 만드는 데 실패했습니까! 이번 여름에 관찰한 바에 따르면, 페르시안라일락과 차이니스라일락의 꽃밥에는 마치 혼종인 것처럼 제대로 된 꽃가루가 없었습니다. 어떤 식물들은 제대로 된 꽃가루를 만들어내긴 하지만 배가 발달하지 않았는데 이는 밑씨에 결함이 있는 것으로 보입니다. 린네는 고산식물들 대부분이 저지대에서 재배되면 일정 부분 생식불가능하다고 언급했습니다. 이런 사례의 대부분에서 불임은 생존과 건강에 대한 대가인 것으로 보입니다. 그렇다면 모든 겹꽃들이 초기에 어떤 자연 환경의 변화에 의해 생겨나, 어느 정도 생식불가능이 되었다고 주장하는 것은 너무 무리한 이론일까요? 그리고 이들의 물관요소가 (너무나 잘 키워서 엄청나게 만들어진) 구성 물질들을 과도하게 이동시켜 [암술이나 수술이] 꽃잎으로 전환되었다는 것도 무리한 이론일까요? 참고로 꽃잎과 암술, 수술은 형태적, 기능적으로 가장 가까운 기관입니다. 이 이론에 어떤 진실의 그림자가 있나요? 아니면 용담속 식물의 눈이 그런 것처럼 실속 없는 이론일까요?

찰스 다윈.

[우리는 이 가설이 우리가 본 그 어떤 가설보다 합리적이라고 말할 수밖에 없다. 그러나 기름진 땅에 만들어진 정원에서 척박한 땅에서보다 겹꽃이 더 자주 발생한다는 사실은 다윈이 추측하는 방식에 의구심을 갖게 한다.]

추신

나는 식료품 잡화상이 설탕을 넣을 때 쓰는 접힌 종이 모양처럼 완벽한 깔때기 모양으로 자란, 특이한 양배추 잎을 보여주려고 합니다. 이것은 이번 여름에 잘린 양배추의 오래된 잎자루 중심부에서 자라난 긴 잎자루에서 딴 것입니다. 나는 드캉돌이 어떤 양배추의 경우 잎 끝 부분을 주머니처럼 생긴 것으로 묘사한 것을 기억하는데, 그는 이것을 네펜테스(*Nepenthes*)의 포충낭과 비교했습니다. 이 잎이 서로 같은 종류일까요?

[그렇습니다.]

◇◇◇◇◇◇

질문과 실험 [1]

1쪽. 잠정적인 질문

- 후커는 매발톱속(*Aquilegia*) 식물에서는 거(spur)의 형태가 아주 다양하게 변하며, 미나리아재비속(*Ranunculus*) 식물에서는 꿀샘의 형태가 다양하게 변한다고 말했다. 전자가 선택과 관련된 내 실험에 가장 좋다.

1쪽 뒷면. 식물 교배 실험 등

　1 당근을 이용한 프랑스 실험을 반복해보자. [2]

　2 비옥한 흙에서 영국앵초와 카우슬립앵초를 재배하고 씨앗을 발아시켜 보자.

1　다윈은 실험에 관한 생각을 공책 여러 권에 나누어 적다가 나중에는 그중 한 권 "질문과 실험" 공책만 계속 사용했다. 이 공책은 1839년 중반부터 쓰기 시작한 것으로, 이 공책에 있는 기록 대부분은 다윈이 진화에 관해 200쪽이 넘는 긴 해설서(지금은 "에세이"라고 부른다)를 쓴 1844년까지 작성된 것이지만, 1842년 진화 이론의 개요(지금은 "초고"라고 부른다)를 작성할 때부터 이미 널리 활용되었다. 역사학자들은 이 공책이 다윈의 주요 관심사였던 번식, 다양성, 이종교배, 식물의 수분 과정에 대한 생각과 질문을 발전시키는 저장고 역할을 했다고 지적했다. 이 공책에는 동물과 관련된 내용도 있으나, 이 부분은 번역하지 않아, 쪽수와 질문과 실험 번호가 연결되지 않을 수도 있다. 원문에 문장 번호가 없는 경우도 있고, 괄호 안에 있는 경우, 그리고 괄호가 없는 경우도 있는데, 문장 번호가 없는 경우에는 문장 앞에 '-'를 추가했고, 번호가 있는 경우에는 원문 그대로 표기했다.

2　다윈이 쓴 "공책 E" 149번에 "비옥한 땅에 심은 나무는 다양하게 변하는데, 나는 그렇지 않을 것으로 생각하나, 씨앗을 심으면 그렇게 변할 것으로 추정한다. 적어도 당근을 가지고 실험을 하면 이 점을 보여줄 수 있다"라고 되어 있다. 이 부분을 의미하는 것으로 간주하고 있다(Barrett et al., 2008, p.441).

다윈의 "질문과 실험(Questions & Experiments)" 공책

3 다른 속에 속하는 꽃가루로 수분시켜 보고, 몇 시간이 지난 다음 거의 비슷한 식물의 꽃가루로 수분시켜 보자. 그런 다음 나이트[3] 씨가 『원예학 보고서』 4권에서 언급했듯이, 숲비둘기와 암탉의 사례처럼 첫번째 꽃가루가 어떤 결과를 만들어내는지를 관찰해 보자.

4 오직 한 식물 개체만 키우자. 그리고 꽃도 한 송이만 피도록 해보자.

(5) 플레밍[4] 박사가 『동물 철학』에서 언급한 이년생 식물. 부지깽이나물류[5]와 애기동자꽃[6]은 꺾꽂이로 번식이 가능하다. 해보자. 씨앗의 기능을 발견하는 것만큼이나 중요하다.

(6) 멜론의 꽃 하나하나를 잡종으로 만들어보자. 그리고 열매가 맺는지 여부를 확인하자. B 씨는 일부 씨앗에서는 수정이 될 것이며, 원뿔처럼 좌우대칭이 만들어질 것이라고 말했다. 이런 실험은 사과가 가까이 있는 나무에 의해 영향을 받고 있음을 설명한다. 혼종화된 양배추 가지가 다른 가지에 영향을 미칠까? 생식 불가능한 수술을 지닌 프랑스 사과나무는 첫번째 질문에 그렇지 않다고 대답한다.

2쪽. 식물에 관한 질문들

1. 잡종과 혼종 자손의 균질성
2. 완두콩의 최근 변종들은 어떻게 만들어졌는가?

---

3 Knight, Thomas Andre(1759~1838).

4 Fleming, John(1785~1857).

5 십자화과(Brassicaceae)의 부지깽이나물속(*Erysium*)에 속하는 식물이다.

6 *Silene chalcedonica*. 석죽과(Caryophyllaceae)에 속하는 식물로 원예식물로 재배하고 있다.

3. 모체발아[7]하는 벼풀, 양파 등은 허버트가 『원예학 보고서』 4권에서 언급한 것처럼 희망봉 원산의 괭이밥속(*Oxalis*) 식물들처럼 꽃을 피울까.

4. 흉년인 해에는 양배추의 어떤 변종도 쐐기벌레의 공격을 받지 않을까.

5. 장미 종류들을 가깝게 심으면 서로서로 수정시킬까. 일렉스참나무[8]는 씨앗으로 확실하게 키울 수 있을까. - 삼색제비꽃.

6. 야생 장미들이 서로 자주 마주치지 않도록 해보자. 이들 중 일부는 다른 개체들에게 연락을 하지 않을까?

7. 타히티섬에 있는 야생 바나나는 씨앗이 없을까, 모든 변종들에 씨앗이 없을까, 만일 그러하다면 어떻게 변종이 만들어질 수 있었을까?

8. 한해살이 식물을 눈접하면 개체의 수명이 연장될까?

9. 겹꽃으로 되는 식물은 항상 암수한몸이 될까? 하나의 성은 유지하되 다른 하나의 성을 잃게 되면 어떻게 될까? 일반적으로 어떤 성이 먼저 사라질까?

10. 헨슬로는 반쯤 겹으로 만들어진 꽃들은 수술이 기형이라고 말했다. 그렇다면 씨앗은 대체 어떻게 만들어질까?

11. 노르웨이에는 꽃이 피지 않는 가시금작화[9]가 흔할까? 흔하지 않다.

---

7 모체에 씨앗 상태로 붙어서 발아하는 식물로, 열매를 맺은 다음에도 일시적으로 열매가 모체에 머물면서 씨앗이 발아하여 어린식물로 자란다. 수련 종류와 맹그로브 종류에서 관찰된다.

8 상록성 참나무 종류인 *Quercus ilex*이다.

9 콩과(Fabaceae) 가시금작화속(*Ulex*)에 속하는 식물로, 유럽에는 가시금작화(*Ulex europaeus*)가 분포한다.

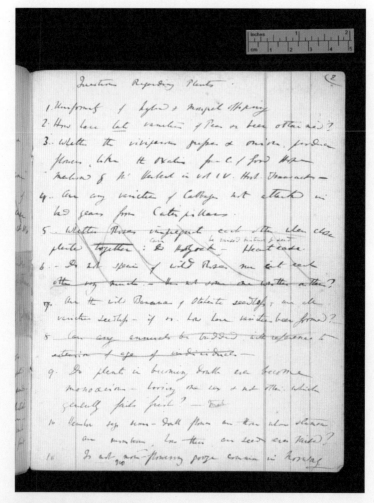

다원의 "질문과 실험" 공책 2쪽

다원의 식물들

5쪽. 실험들 - 식물

- 다양한 밝은 빛 조건에서 어린식물을 키우자. 어떤 결과가 나타날까? 그리고 누에나방은?

    (1) 휴면 중인 미모사 또는 잡종 미모사(a)를 흔들어보자. 감각적인 종들과 휴면 중인 종들 사이에 어떤 관련성이 있는지를 관찰하자.

    (2) 산마타르타선인장(*Cereus speciosissimus*)이 수면운동할 때 수술들은 시드는가? 매자나무속(*Berberis*) 식물들은? (나는 후자의 경우에는 확실히 그렇지 않다고 생각한다)

    (3) 씨앗을 뿌려보자. 그리고 삽수와 비늘줄기를 몇 종류의 서로 다른 흙과 온도 조건에 따라 놔두어보자. 그리고 결과를 살펴보자. 씨앗에서 발아한 어린식물이 삽수나 비늘줄기에서 자란 식물보다 더 많이 변할까?

    (4) 온실에서 한해살이 또는 영국에서 흔하게 자라는 식물을 키워보자. 그리고 세대가 지속되면서 기관에 어떤 영향이 나타나는지 살펴보자.

    (5) 붉은양배추의 꽃가루를 혼합해서 다른 양배추의 꽃에 놓아두자. 그리고 잡종이 만들어지는지 살펴보자.

    (6) 양배추 가지 하나에 달린 꽃에 다른 가지에 달린 꽃의 꽃가루를 뿌려보자, 씨앗 수를 세어보자. 그리고 실제로 얼마나 많은 싹이 나오는지 살펴보자. 이런 일이 실제로 항상 양배추의 자연 잡종에서 일어나고 있다.

    (7) 매우 기름진 땅의 야생 양배추가 자라는 곳에 좋은 씨앗을 뿌리면 식물이 잘 자라지 못할까? 이 야생 양배추가 이런 땅에 순화되려면 몇 세대가 계속되어야 할까? 잡초의 씨앗을 이런 땅에 뿌려보자.

    7(a) 영국앵초 씨앗으로 실험해보자. 이 실험은 매우 중요한 사례인데, 카우슬립앵초 꽃가루로 수분시켜보자, 이들은 모두 야생 변종이다. 어떤 중간형태가 만들어질까.

5쪽 뒷면

(a) *Leptosiphon densifolium*[10]은 한해살이 식물로 어두컴컴한 날에는 항상 꽃이 닫히는 수면운동을 한다. 정원에 심은 왕관갈퀴나물속(*Coronilla*)[11] 식물도 비슷한 방식으로 수면운동을 한다. 이들을 주기적으로 덮어주고 그 영향을 살펴보자.

(9) 나는 진딧물이 분비한 감로로 뒤덮인 잎에 근처 풀에서 날려 온 꽃가루가 내려앉은 것을 알게 되었다. 편평한 장소에 끈적거리는 물질을 바른 종이를 펼쳐두고 건조하고 바람이 부는 날에 자갈길이 나있는 정원에서 바람이 많은 씨앗들을 여기저기 운반해주는지를 관찰하자. 찰스워스가 편집한 책 377쪽에 언급된 바이센본 박사의 우연발생설[12]에 답을 할 필요가 있을까? 조사를 수월하게 할 수 있도록 방안지를 준비해서 쟁기질한 언덕 위 한가운데서 시도해보자.

10. 개구리밥이 자라는 연못에서 집오리, 물닭, 쇠물닭을 잡아보자. 수영장이나 강에서 수영하는 개를 조사하자. 모든 종류의 씨앗이 반드시 있을 것이다. 씨앗이 있는지 연못의 거품을 조사하자.

11. 모든 종류의 씨앗들을 소금을 넣은 인공 바닷물에 여러 주 동안 담가보자.

12. 두 종류의 양배추 재래종을 서로 가까이 심어보자. 각각 작은

---

10 다윈은 *Leptosiphon densifolium*으로 표기했으나, *Leptosiphon densiflorus*로 추정된다. 꽃고비과(Polemoniaceae)에 속하는 식물이다.

11 다윈은 *Coronella*로 표기했으나, *Coronilla*로 추정된다.

12 바이센본(Weissenborn, W.) 박사는 찰스워스(Charlesworth, E.)가 1838년에 편집한 『자연사잡지』에 「자연발생설에 대하여」라는 논문을 게재했다. 그는 이 논문 377쪽에서 석탄 만드는 사람들이 만든 모래 언덕에서 물레나물과(Hypericaceae)에 속하는 *Hypericum humifusum*이 자라는 것을, 이 식물의 씨앗에 바람에 의해 멀리 퍼져 나갈 수 있는 털 같은 것들이 없는 점으로 볼 때 우연발생 말고는 설명할 수가 없다고 주장했다.

가지 하나씩을 종처럼 생긴 유리그릇으로 덮어보자. 이들의 씨
앗을 뿌려보고, 싹이 진짜로 나오는지 조사하자. 동시에 다른
재래종끼리 교배시켜보자.

- 벌들이 후각 또는 시각으로 방향을 잡을까? 곤충을 닮은 난
  초속(*Orchis*)[13]과 관련해서 브라운의 이론[14]에 접근해보자.
- 꽃의 아름다움과 관련된 궁극적 원인. 커비[15]와 반대됨. 동물
  의 생식 체계와 관련해서.
- 꽃을 덮어보자 - 인위적인 꽃을 두어보자 - 꿀과 함께.
- 고산제비꼬깔[16]의 용도는 무엇인가 = 두꺼비난초[17]
- 짧은 시간에 얼마나 많은 꽃들에 이들이 방문하는가? 좋다!!
- 겹꽃의 꽃가루를 관찰하고 홑꽃의 꽃가루와 비교하자. 그리
  고 쾰로이터가 설명한 것처럼 꽃가루에 활력이 있는지 없는
  지를 조사해 보자.
- 참새에게 귀리를 먹여 죽인 다음, 사체를 매에게 주자. 그리
  고 이들이 누는 똥을 뿌려보자.
- 씨를 맺지 않거나 드물게 맺는 꽃을 가진 목련 종류와 진달
  래 종류, 유리온실에서 키운 히아신스처럼 좋지 않은 환경에
  서 자란 식물의 꽃가루를 조사해보자.

---

13 *Ophrys insectifera* 또는 이 속에 속하는 난초류를 지칭하는 것으로 보인다. 이 종을
    한때 *Orchis insectifera*로 부르기도 했다.
14 브라운이 1833년에 『린네학회보고서』 16권에 「난초류와 박주가리류의 수정 기관과
    방식」이라는 논문을 발표했는데, 다윈이 이 논문을 인용한 것으로 보인다.
15 Kirby, William(1759~1850).
16 *Delphinium elatum*. 푸른빛이 도는 자주색 꽃을 피우는 여러해살이풀이다.
17 *Megaclinium fufo*(= *Bulbophyllum falcatum* var. *bufo*). 꽃이 두꺼비처럼 생긴 난
    초의 일종이다.

6쪽. 실험들

- 무화과는 암수딴몸인가? 암꽃은 항상 열매를 맺지 못하는가? 만일 그렇지 않다면 같은 꽃받기에 있는 암꽃과 수꽃에서 어떻게 수정이 일어나는가?

    (8) 내 아버지는 암탉들에게 양호랑가시나무의 씨앗을 던져 주면서 이들을 키웠다.

    (9) 금어초 (나는 한 종류의 기형을 본 적이 있다.), 디기탈리스와 같은 식물들을 매우 기름진 땅에 놔두자. 이들은 겹꽃을 거의 만들지 않는데, 무엇이 이런 결과를 만들까?

    (10) 데이지와 개쑥갓 그리고 카네이션은 얼마나 많은 세대가 지나야 겹꽃으로 될까? 겹꽃을 만든 미나리아재비속(*Ranunculus*) 식물도 있다.

    (11) 질산나트륨[18]을 처리해보자. 소금, 석고, 망간, 녹, 탄수화물, 암모니아, 말 오줌 등등을 식물의 개체수를 같게 하여 여러 식물들에게 처리해보자. 식물들의 비율이 변하는지를 관찰해보자. 이렇게 하면 우연히 일어날 사건이 식물들 비율에 영향을 주지 않을 것이다.

메어[19]에서

    (12) 숲 한가운데, 특히 나무의 나이를 알 수 있는 곳과 이곳에서 조금 떨어진 곳에서, 흙을 한 주머니 담아보자. 그리고 어떤 식물

---

18 흰색 고체로써 물에 잘 녹는데, 비료, 식품 보존제, 유리나 도자기 등의 성분으로 쓰인다. 영어로 sodium nitrate로 표기하나, 다윈은 'Nitrate of Soda'라고 표기했다. 1841년부터 다윈이 표기한 방식으로 사용한 것으로 알려졌다.

19 다윈의 부인 엠마 다윈(결혼 전 이름은 엠마 웨지우드)이 결혼 전에 살던 집으로, 메어라는 지역에 있어 메어홀이라고도 부른다.

다윈의 식물들

이 싹을 틔우는지 조사하자. 만일 숲속에서는 발견되지 않은 종류들이 나타난다면, 이 식물들은 어떻게 씨앗이 운반되는지를 또는 씨앗들이 얼마나 휴면 상태에 있는지를 보여줄 것이다.

- 그러나 씨앗들은 새들에 의해 계속해서 숲속에 떨어진다.

6쪽 뒷면

13. 허버트 씨가 크로커스 종류들은 교배하기가 매우 힘들다고 말했다. 이들은 재래종인가? 만일 그러하다면, 식물들을 같이 심고 키우고 씨앗을 받아보자. 허버트 씨는 편지에서 달맞이꽃속(*Oenothera*) 식물에 대해서도 그렇게 언급했다.

(14) 야생에서 잡종을 만드는 속에 속하는 식물의 꽃가루를 조사하자.

(15) 산분꽃나무속(*Viburnum*) 또는 양백당나무[20]의 역사는 어떠한가? 씨앗을 뿌리면 어떤 결과가 만들어지는가?

- 퇴화한 부분을 지니고 있는 펜스테몬[21]과 같은 재배식물을 관찰하자. 퇴화한 부분이 다양하게 변하는지 여부를 조사하자.

- 스위트피에 벌이 방문할까? 만일 그러하다면 중요한 문제인데, 이 식물이 완전히 자라지만 벌들이 교배시키지는 않기 때문이다.

7쪽. 헨슬로

(1) 티에라델푸에고의 고산 식물상과 곤충들의 특징은? 가장 중요한 것으로 이들이 없는 가장 먼 곳은? 중간 지역에 있는 속들로는?

---

20 *Viburnum opulus*.

21 질경이과(Plantaginaceae)에 속하는 펜스테몬속(*Penstemon*) 식물로, 19세기에 유럽에서 많은 잡종을 만들었다.

(2) 지난 100년 또는 200년에 걸쳐 몇몇 나라들의 식물상에서 알려진 어떤 변화가 있는가? 사람이 변화를 유도한 지역은 알려져 있지 않다.

(3) 붓꽃속(*Iris*) 식물들은 어떻게 수정되나, 암술머리는 어디에?

(4) 접형화관을 지닌 식물들을 교배하는 것이 어렵다는 것이 확인되었음에도 콩과(Leguminosae)에 속하는 종들이 유별나게 많다. 허버트는 케이프[22]에서 자라는 히스의 많은 종들을 기능적 관점에서 설명하고 있다. 나이트는 이와는 반대로 생각하고 있다. 가엘트너는 교배하기가 힘든 몇몇의 커다란 자연적인 과들을 이야기한다.

(5) 느릅나무류 식물에서처럼 접가지[23]에서 만들어진 식물들이 보여주는 변이 정도를 규명하는 것이 가장 중요하다. 나는 느릅나무류와 난초과 식물들을 수상하게 여겨야 할 몇 가지 이유를 알고 있다. 다른 경우는 더 없을까?

(6) 기름진 땅에 길들여진 식물을 매우 척박한 땅으로 옮기면 꽃은 피지만 열매는 맺히지 않는다. 과수원이 척박한 땅에 있다고 해도 생산량이 적은 것은 아니다. 그럼에도 유럽사과[24]는 이런 곳에서도 성장한다.

(8) 결실 기관의 어떤 부위가 잎으로 다시 만들어질까? 영양분이 결핍되면서 나타나는 결과일까? 뿔오렌지[25]도 그런가? 그렇다.

---

22 아프리카 남쪽에 위치한 희망봉이다.

23 접목하려고 자른 식물의 가지 또는 지상부이다.

24 *Malus sylvestris*. 유럽 원산의 사과 종류이다.

25 다윈은 "horned orange"라고 부르고 있으나, 흔히 키와노(*Cucumis metuliferus*)를 'horned melon'이라고 부르고 있다. 다윈이 1840년 7월 3일 헨슬로에게 보낸 편지에는 "오렌지, 이상한 뿔이 달려 있는 열매"라고 설명하는 구절이 있어, 'horned melon'을 'horned orange'로 표기한 것으로 보인다.

다윈의 식물들

우리 조상들은 석탄과 충분한 영양으로 (편안한 삶을 누리게 되면서) 이러한 조직 분화 능력을 대부분 잃어버렸다.

8쪽

(8) 벌들이 야외에 자라는 양배추와 오이를 자주 방문할까? 또는 조그만 직시류도 그럴까? 이 식물들은 잡종을 잘 형성하기 때문에 곤충의 잦은 방문이 중요한 점이다.

(9) 묘목장에서 양배추, 완두콩, 콩 등의 씨앗이 익었을 때, 씨앗 장수들은 도대체 어떤 식물 개체를 선택할까? 만일 그렇지 않다면, 식물체들이 퇴화하지 않는다는 점에 놀랠 수밖에 없다. 벌들이 돌아다니면서 극히 미세한 변이들이 생길 수밖에 없는데, 이처럼 미세한 변이들이 서로 간에 균형이 잡아주는 것은 아닐까?

(10) 통상적으로 알려진 씨앗의 수만큼 수정시키는 데 필요한 꽃가루 수는 얼마나 되나? 린네는 암술 하나하나가 분리되어 있는 씨방과 연결되어 있음을 보여주었는가?

(11) 수정하려면 꽃가루가 얼마나 많아야 하나? 나는 암술머리가 수정 가능한 부위라고 생각한다.

(12) 메어에서는 오이가 온상에서 인위적으로 수정되지 않았다. 애버리는 개미가 수정해준다고 말했다. 조사할 것.

(13) 같은 조건에서 자라는 같은 종의 버드나무류 식물들이 있으며, 같은 시간대에 꽃이 피는가? H[26]씨는 서로 다른 종들이 자라는 것을 본 적이 있는가?

---

26 'H'로만 표기되어 있어 정확하게 누구인지 확인이 불가능하나, 헨슬로 교수로 추정된다.

8쪽 뒷면

- 하얀우단담배풀[27]은 씨앗을 뿌려 다른 종과 교배하기 좋은 식물이다.

9쪽

- 서로서로 가깝게. 이들이 암수딴그루이므로, 만일 씨앗으로 잡종이 만들어지지 않는다면, 우리는 자신만의 꽃가루가 외부에서 날아온 꽃가루보다 더 효과적이었음을 확신할 수 있다. 이튼[28]에는 버드나무류의 작은 숲이 있다.

    (14) 버드나무류나 서양주목나무, 미루나무류의 수그루에서 암그루까지 거리는 어느 정도일까?

    (15) 서양주목나무 열매는 수정하지 않고 만들어질까.

    (16) 어떤 한 꽃에 있는 꽃가루 수를 어떻게 측정할까.

    (17) 벌과 나비를 잡아보자. 꽃등에류[29]와 꽃가루딱정벌레류도. 이들이 꽃가루를 뒤집어쓰고 있는지 조사하자. 벌 다리에 꽃가루 덩어리가 어떤 상태로 (온전하게 또는 깨져서) 있는가.

    (18) 서양주목나무 수그루 근처에 새잡는 끈끈이를 바른 핀의 머리를 놓아두자. 그리고 이들에 꽃가루가 묻는지 조사하자. 달맞이꽃 덤불에서도.

    (19) 수국속(*Hydrangea*) 식물에서 나타나는 장식화에 대한 이론

    (20) 홉이 암수딴그루이므로 홉 씨앗을 키우는 씨앗 장수들은 필요한 식물의 비율 등등에 대해 무언가를 알고 있을 수도 있다.

---

27 *Verbascum lychnitis*. 현삼과(Scrophulariaceae)에 속하는 두해살이풀로, 다윈은 『위대한 책』 406쪽에서 이 종과 다른 종과의 교배 실험 결과를 설명했다.

28 다윈이 태어난 슈루즈베리 근처에 있는 지역이다.

29 *Syphus*로 표기되어 있으나, *Syrphus*로 간주했다. 꽃등에는 꿀벌과 비슷하게 보이나, 파리 종류이며 날개가 꿀벌이 4장인 반면 2장이다.

9쪽 뒷면

(a) 산쪽풀속(*Mercurialis*), 유럽자라풀, 설령쥐오줌풀, 서양쐐기풀 (*Urtica dioica*), 수영, 동자꽃속(*Lychnis*), 정육점빗자루[30] 그리고 빈카속(*Vinca*) 등을 모두 조사하자. 이들에게 벌, 나비, 또는 조그만 곤충들이 자주 찾아오는가? 또는 이들의 꽃가루가 극도로 작거나 굉장히 많은가? 이들은 씨앗을 충분히 만드는가? 따로 떨어진 암그루를 살펴보자. 이 밖에 교배가 잘 되면서 암수한몸인 것으로 알려진 식물이 있을까?

– 후커는 라플레시아속(*Rafflesia*) 식물은 암수딴몸이며 꽃가루는 곤충이 운반해야만 한다고 말했다.

10쪽

(21) (연영초속(*Paris*)[31]) 희귀한 초록색 목화가 무리 지어 자라는 것처럼 영국의 군이나 주에서 한 식물이 무리 지어 자라는 많은 사례들이 있는가? 이 무리는 얼마나 큰가? 다른 지역의 또 다른 무리와 뚜렷하게 구분되는가? 돈은 아일랜드, 스코틀랜드 그리고 잉글랜드에서 자라는 식물들은 일반적으로 뚜렷하게 구분된다고 말했다. 씨앗에서는 어떤 구조가?

(22) 린네가 씨앗에는 엄청나게 높은 비율로 이동과 관련된 장치들이 있다고 말했을 때, 그는 먹기에 적합한 씨앗들도 포함했을까?(동인도 제도에서는 마전자나무[32]씨앗을 코뿔새[33]가 먹는다고 아

---

30 *Ruscus aculeatus*. 아스파라거스과(Asparagaceae)에 속하는 상록성 떨기나무로 외떡잎식물이다.

31 외떡잎식물로 무리 지어 자란다.

32 *Strychnos nux-vomica*. 씨앗에 들어 있는 독을 화살촉에 묻힌다.

33 코뿔새속(*Buceros*)에 속하는 새 종류로, 말레이 제도에서 살고 있다.

시아 연구자들이 말했다.)

(23) 타임, 뿔오렌지, 스팔란차니[34]의 논문에 대해 이야기해보자. 해마다 무화과 종류의 꽃을 살펴보자. (린들리[35]가 소개한, 박주가리 종류는 아닌) 페리윙클[36].

(24) 벌이 종들을 구분할까? 변종들은 구분하지 못할까?

(25) 흰나비과(Pieridae)에 속하는 나비들은 양배추의 모든 변종에 알을 낳을까.

10a쪽

- 질문 30) 1842년 3월. 재작년에 콩과 완두콩을 서로 이웃하게 줄지어 심어서 씨앗을 수집했다. 작년에는 이 씨앗을 아무런 표식도 없이 뒤죽박죽 섞어 심어서 씨앗을 수집했다. 올해 다시 이 씨앗들을 심을 것이다.
- 뉴질랜드의 조류의 종 수, 식물은 너무 적다.
- 태즈메이니아섬에 이해하기 힘든 의심스러운 종이 있는가? 뉴질랜드에는?
- 아일랜드와 영국에 있는 종들 사이의 차이, 그리고 영국과 유럽 외곽에 분포하는 종들 사이에 대한 배빙턴[37]의 견해
- 화산섬 또는 융기하는 섬들에 대한 내 이론에 따르면, 이들 지역에는 좋은 재래종이나 의심스러운 종이 많이 있어야만 한다. 카나리아 제도에서는 어떨까? 또 갈라파고스 제도에서는?

---

34 Spallanzani, Lazzaro(1729~1799).

35 Lindley, John(1799~1865).

36 빈카속(*Vinca*)에 속하는 지피용 원예식물이다. 협죽도과(Apocynaceae)에 속하는데, 이 과는 박주가리과(Asclepiadaceae)와는 구분되는 것으로 알려져 있었으나, 최근에는 박주가리과를 협죽도과와 통합시켰다.

37 Babington, Charles Cardale(1808~1895).

다윈의 식물들

- 아일랜드의 의심스러운 종

- 어떤 속에 속하는 식물이 다른 나라에서는 그렇지 않은데 특별히 한 나라에서만 다양하게 변하여 구분하기 힘든가? 장미속(*Rosa*) 식물들은 유럽에서, 호두나무 종류들은 아메리카에서 그렇다. 아프리카에서는 히스가 그런가? 후커는 이들 속에 속하는 식물들이 다른 나라에서는 덜 힘들며, 이들 지역에서는 종들이 너무 많거나 항상 같은 상태로 유지되는 종들이 심지어 거의 없다고 했다. 이런 점은 매우 중요한데, 이러한 변이가 속특이적 또는 종특이적인 형질이 아니라 지역에 따라 달라지는 형질이기 때문이다. 유럽의 한 지역에서는 다양하게 변하나, 다른 지역에서는 덜 변하는 식물이 있을까?

11쪽

(27) 노새의 경우 어느 쪽 성이 나타나지 않는가? 아마도 이차 성징과 연동되어 있을 것이다. 겹꽃의 경우에는 어떨까?

- 헨슬로는 타임의 암술머리가 유사한 방식으로 작동하지 못할 것으로 의심했는데, 가엘트너에게 답을 들었다.

(28) 한해살이 또는 두해살이 식물을 접목하거나 삽수할 수 있는가 또는 덩이줄기는? 헨슬로와 나이트 씨 이론에 대해 이야기해 보자. 플레밍 박사는 가능하다고 말했다.

(29) 씨앗을 서로서로 가깝게 뿌려 실험하고 교배할 수 있는 루피너스, 풍차국, 클로버의 재래종을 가지고 있을까? 나는 이들이 아주 조그만 곤충의 도움이 없다면 교배할 수 없을 것이라고 생각해서 이 세 종류 식물의 이름을 나열했다.

(30) 애버리에게 완두콩, 강낭콩, 콩 한 개체씩 지지대 없이 뒤엉키게 심어달라고 해보자. 이 주제로 관찰한 허버트 씨의 관찰 결과를 참고하자.

(31) 온실에 놔둘 수 있는 한해살이 식물 목록을 헨슬로에게 부탁하고, 이들에게 열을 가했을 때 생식기관에서 나타나는 결과를 살펴보자.

(32) 밀을 흙을 바꿔 키우고, 씨앗을 키워 교배하는 등 르코퇴르 대령이 쓴 책에 설명된 내용과 관련된 질문을 해달라고 헨슬로에게 부탁할 수 있을까?

11쪽 뒷면

32. 순화를 확인하려고 이집트에서 가져온 밀을 스코틀랜드에서 익을 때까지 키울 수 있을까?

1842년 7월

- 서양쐐기풀 종류의 잎을 술에 넣으면 독성 물질이 빠져나온다. 느릅나무 종류에서는 나오지 않으며, 멜론에서는 나온다. 로아사속(*Loasa*)[38], 앙쿠사속(*Anchusa*)[39], 초롱꽃속(*Campanula*) 그리고 자주광대나물[40].
- 지치속(*Lithospernum*). 파란색 도료.
- 마편초속(*Verbena*)
- 야생 당근과 재배 당근의 꽃을 비교하자. 파슬리와 회향.
- 서로 다른 양배추 꽃을 주의 깊게 비교해서 꽃에서의 변이가 잎에서와 같은지 알아보자. 딸기.
- 서로 다른 식물과 동물 재래종에서 형질이 얼마나 빨리 나타날까?

---

38 열대 아메리카 원산으로 가시가 많이 달리는 풀이다.

39 아프리카와 서아시아 원산의 풀로 암석 정원에 널리 심는다.

40 *Lamium purpureum*. 꿀풀과에 속하는 풀로, 잎과 줄기 윗부분을 먹는다.

다윈의 식물들

어린 콩과 양배추를 비교하자.

- 키 작은 잔디 꽃, 퇴화했을까 혹은 생식불가능할까.

- 육지새가 마데이라 제도까지 이동할까, 아프리카뻐꾸기(*Cuculus lucidus*)처럼. 뉴질랜드에 대해서는 굴드에게 물어보자. 포클랜드 제도에 대해서는 설리반에게 물어보자. 도요새의 이동성. 아마도 육지새에 의해 남아메리카가 하나로 묶일 것이다.

12쪽

(33) 베들레헴별속(*Ornithologum*) 식물은 흔히 카나덴세로 잘못 불리고 있다.[41] 이 식물은 스웨덴의 확 트인 곳에서 자란다. 린네는 꽃을 2송이 발견했는데, 수술이 제거되어 있어 수정될 수가 없었다.

(34) 송곳식물속(*Subularia*)[42] 식물의 꽃가루에 대한 최근에 나온 정보

로일과 호스필드

(35) 바나나의 재래종과 씨앗이 없는 부분에 대해 이야기해보자. 헨슬로와 로일에게도 실마리는 없다. 로일은 씨앗이 만들어지지 않는다고 했다. 또한 사탕수수에 대해서도 에드워드가 씨앗을 만들지 않는다고 했다. 브루스도 같은 이야기를 했다.

- 로일의 『인도의 생산 자원 보고서』에는 정보가 없다.

(36) 잡종이 그 자체로 번식하려면 얼마나 많은 세대가 지나야 하는

---

41 다윈은 "*Ornithologum*"으로 표기했으나, 오늘날에는 *Ornithogalum*으로 표기한다. 한편 다윈이 카나덴세라고 부르는 이름은 종소명으로 보이는데, *Ornithogalum umbellatum*을 *O. canadense*로 잘못 동정했다는 의미로 보인다.

42 십자화과(Brassicaceae)에 속하는 속으로, 두 종을 포함한다. 두 종 모두 축축한 곳에서 자란다.

지를 허버트 씨에게 물어볼 수 있는지 고웬 씨에게 물어보자.

– 계속해서 잡종을 만드는 양치식물에 대해 실험을 할 수 있는 지를 릴리 씨에게 물어볼 수 있는지 그레이에게 물어보자.

13쪽. 메어

(1) 보트하우스 근처에 있는 서양주목나무에 수그루 역할을 하는 가지가 있는가? 1841년 11월 초에 만들어진 씨앗의 수는? 수그루 역할을 하는 나무는?

(2) 양배추와 관련된 에드워드의 실험 결과

(3) 삼색제비꽃

(4) 타임은 정원에서 퇴화한 수술을 매년 봄마다 만들어내는가? 그렇다.

(5) 수술이 한 꽃에서 다른 꽃으로 이동하는 물매화속(*Parnassia*) 식물을 조사하자. 그리고 조름나물속(*Menyanthes*) 식물의 꽃가루는 꽃이 벌어지기 전에 터지는가? 아니다.

(6) 과수원 끝 근처에 나무 중간에 달린 가지에 사과가 있다. 슈루즈베리에는 철쭉속(*Rhododendron*)[43] 식물 가지 하나에 나중에 꽃이 피었다. 우연의 결과일까?

(7) 어떤 철쭉 종류가 씨앗을 맺을까?

– 서양고추나무, 금사슬나무속(*Laburnum*), 인디언앵초속 (*Dodecatheon*)

– 반몬스의 생각대로 만일 꽃가루가 자연적으로 운반된다면, 사과와 배의 수술을 제거해보자. 또한 완두콩에서도.

---

43 진달래속(*Rhododendron*)은 크게 진달래 무리(영어로 azalea)와 철쭉 무리(영어로 rhododendron)로 구분한다. 다윈이 이중 철쭉 무리를 지칭해서 철쭉속으로 번역했다.

13쪽 뒷면

- 주의하라. 나는 비그만[44]이 그랬던 것처럼 완두콩이 비록 멀리 떨어져 있더라도 또 다른 완두콩과 교배할 수 있다고 생각한다.

14쪽. 슈루즈베리

(1) 완두콩. 콩 씨앗은 그 자체로 비교할 수 있을까. 양배추. 원 상태로 유지될까. 실험을 해보자(11쪽에 있는 30번 실험).

(2) 서양주목나무의 장과[45]에서 싹이 나올까? 서양주목나무의 성별.

(3) 접시꽃[46]을 구하자. 재래종을 심어보자. 그리고 푸른아마 (*Linum perenne*)도 심어보자. 허버트의 결과는?

(4) 유럽너도밤나무에서 질산나트륨의 효과. 디오이카장구채 (*Lychnis dioica*)가 이 질문에 대답할 것이다.

(5) 많은 뿔오렌지를 잘라보자.

(6) 무화과 꽃, (사람이 수정을 해주어야만 하는) 시계꽃 꽃, 박주가리 종류들, 씨앗을 맺지 않는 꽃, 소독한 흙을 담은 화분은 집 꼭대기에 놓아둬 보자. 곤충이 수정을 해주어야만 하는 쥐방울덩굴 속(*Aristolochia*)

---

44 Wiegmann, Arend Friedrich(1770~1853).

44 주목나무류는 겉씨식물이기에 열매라는 용어를 사용할 수가 없다. 그럼에도 다윈은 '열매'라는 용어를 사용했는데, 다윈 당시에는 겉씨식물을 꽃 피는 식물의 한 무리로 간주하고 있었기 때문으로 풀이된다.

46 "holyhoaks"로 표기되어 있다. 다윈이 1838년부터 1839년까지 쓴 "공책 E"의 해설서에는 이 식물명이 윌리엄 허버트가 1837년에 발간한 『수선화과』의 366쪽에 나온다고 설명되어 있다. 그런데 이 책 366쪽에는 "holyoaks"로 표기되어 있으며, 이 식물을 원예용으로 재배하며 다양한 꽃색을 지니는 것으로 설명되어 있다. 'holyoak'라는 식물명이 'holly oak', 즉 상록성 참나무인 *Quercus ilex*로 검색되는데, 허버트의 설명과는 일치하지 않는 것으로 보인다. 따라서 'holyoak'는 'hollyhocks'라고도 부르는 접시꽃 종류로 추정된다.

(7) 감자 밭의 역사

(8) 발아하지 않는 타임의 씨앗은 날씨가 축축해서 그럴까? 술에 담가둔 노란아마(*Linus flavum*)는 씨앗을 맺을까?

(9) 멜론 열매는 그 자체로 잡종일까.

(10) 어떤 개체에는 씨앗이 전혀 없고, 두 개체에는 씨앗이 많고, 그리고 수정되지 않은 오이 씨앗들은 다시 씨앗을 만들까?

(11) 애버리는 연한 초록색의 섬꽃마리속(*Cynoglossum*) 식물의 씨앗을 심었다. 전혀 싹이 나오지 않았다.

(12) 씨앗을 맺지 않는 뽈오렌지도 정상적인 꽃가루를 만들까? 그렇다. 재배하면서 열매가 만들어지기 위해서 필요한 수정이라는 과정을 잃어버렸다. 유지 관리를 해주면 잘 맺는다.

13. 꽃가루가 떨어지기 전에 다른 꽃에서 꽃가루를 묻혀온 파리를 아룸속(*Arum*) 식물에서 볼 수 있을까?

(14) 유럽이질풀(*Geranium pyrenaicum*)[47]의 씨앗을 심어보았다. 하얀색 꽃이 피는 변종에는 수술이 발달하지 않는다. 교배 또는 유전의 결과임을 보여주는가?

(15) 애버리는 갈고리처럼 생긴 완두콩을 가지고 있다. 이것으로 새로운 품종를 만들려고 하며, 커다란 아스파라거스도 만들려고 한다. 결과는? 씨앗에서 싹이 나오지 않았다.

16. 테라스에 퇴화된 수술을 지닌 타임 종류를 심으면 어떻게 될까? 수술이 개체마다 만들어지는지 여부를 관찰하자.

17. 온실에서 자주광대나물은 씨앗을 만들까?

---

47 유럽의 길가장자리나 산울타리를 따라 자라는 여러해살이풀로, 연한 보라색 꽃을 피운다.

15쪽. 헨슬로 등

(36) H 씨가 하얀아마와 푸른아마의 재래종을 키웠는가? 이들의 부모 식물체가 서로서로 가까운 곳에서 자랐는가. 모든 것들을 기억할 수가 없다.

(37) 이 나라에서 씨앗을 만들지 않는 식물 사례가 있는가. 원인이 명확하지 않은 곳은? 꽃가루가 만들어지지 않거나 극히 소량 만들어지는 사례가 있는가. 꽃가루는 존재함에도 불구하고 씨방이 부풀지 않아 쓸모없는 사례는 있는가. 혹은 소량 또는 불량한 씨앗이 만들어지는 사례는. 불량하다는 것은 단지 성숙하지 않다는 의미이다.

(38) 암수딴그루인 식물은 어떤 이차적인 성과 관련된 형질을 지니고 있는가. 꽃의 키와 위치. 냄새. 꽃의 형태. 꿀샘. 암수한그루인 목에 속하는 꽃들은 특별한 위치를 지닌다.

(39) 플레밍 박사는 수염패랭이꽃[48]과 풍차국이 오랫동안 삽수로 번식할 수 있다고 했는데, 이에 대한 그의 생각은 어떤가?

(40) 그가 아는 농업 전문가들에게 내 질문들 가운데 일부를 배포해 줄 것을 헨슬로에게 부탁해 보자. 밀에 대해서는 르코퇴르 대령.

(41) 접형화관을 만드는 암수한그루 또는 암수딴그루 식물이 있는가. 땅콩.

(42) 난초류는 어떻게 수정되나, 많은 양의 꽃가루가 반드시 있어야만 하나? 브라운[49]의 논문.

15쪽 뒷면

43. 갈라파고스 제도에 서양쐐기풀 이외에 꽃이 뒤집혀 있는 암수한

---

48 *Dianthus barbatus*. 석죽과에 속하는 식물로 카네이션과 비슷하다.
49 Brown, Robert(1773~1858).

몸 또는 암수딴몸 식물이 있는가? 암수딴몸, 사초속(*Carex*) 식물들, 우리는 서양쐐기풀이 바람에 의해 퍼진다고 추정할 수 있다.

(44) 거머리말속(*Zostera*)[50] 식물에서 꽃을 본 사람이 있는가? 그것을 본 식물학자를 알고 있는가? 줄말속(*Ruppia*)[51] 식물에 대해서는 베넷[52]이 같은 상태의 꽃이 있다고 말했다.

45. 찰스워스.[53]

2권. 670쪽. 귀리를 자르면 호밀로 변한다.

46) 원예학적 변이의 크기를 설명하는 책은? 헨슬로는 시트론에 대해서만 알고 있다.

47. 무화과. 헨슬로는 암그루가 번식한다고 추정하고 있다. 잡성화강. 삼주성목.[54] (암꽃은 번식이 가능할까?) 스미스는 열대 지방에 있는 많은 나무들이 이 강에 속한다고 말했다.

(48) 어디에 자연스럽게 만들어진 잡종 목록이 출판되었나? 이 목록에 접형화관을 만드는 식물이 있는지 여부를 조사하자. 이 목록에 암수한몸 또는 암수딴몸 식물이 많은지 여부와 교배해서 수정되는 것을 어렵게 하거나 유보시키는 어떤 특별한 구조가 있는지 여부를 조사하자.

---

50 바닷물 속에 잠겨서 살아가는 꽃 피는 식물이다. 꽃을 당연히 만들고, 열매와 씨앗도 만든다.

51 민물과 짠물이 섞이는 기수 지역에서 살아가는 꽃 피는 식물이다.

52 Bennett, William(1804~1873).

53 Charlesworth. 어떤 사람인지 확인할 수가 없다.

54 린네는 식물을 총 24개의 강으로 구분했는데, 23번째 강이 잡성화강이다. 한 개체에 암꽃도 피고 수꽃도 피는 종류들로 이루어진 강이다. 그리고 이 강의 첫번째 목은 한 개체에서 암꽃과 수꽃이 따로 피는 무리들이며, 두번째 목은 두 개체에 각각 피는 무리들이다. 그리고 세번째 목이 바로 삼주성목으로, 한 개체에는 암술과 수술이 모두 달리는 꽃이, 두번째 개체에는 수꽃만, 그리고 세번째 개체에는 암꽃만 달리는 무리들이 이루어져 있다.

(49) 쾰로이터가 쓴 『식물의 열매와 씨앗』[55]에 있는 씨앗을 열거하자. 목판화로 그려져 있는데, 갈고리가 이중으로 달린 뱀무속(*Geum*), 가시투성이의 갈퀴덩굴속(*Galium*), 갈고리가 한 개이며 굽어 있는 가시, 단순한 가시, 또는 비슷한 구조로 되어있는 씨앗 덮개, 단순하면서도 아름다운 적응에 도달한 것을보여주는 좋은 사례, 장식술을 달고 있는 바람꽃속(*Anemone*)씨앗이 그려져 있는 책. 부들. 민들레. 양버즘나무의 테두리가장식된 씨앗.

(50) 같은 조건에서 더불어 자라는 식물의 야생 변종과 관련된 사례들. 카우슬립앵초와 영국앵초와 같은 그러나 덜 뚜렷한.

51. 도깨비산토끼꽃의 씨앗.

21쪽. 원예학자들

(1) 생식불가능한 잡종이 건강할까: 많은 세대를 거쳐도: 식물, 특히 콩목(Papilionaceous order)[56]에 속하는 식물의 교배

(2) 스코틀랜드 거의 북쪽에서 자라는 과일나무의 역사. 이들도 꽃이 필까. 이들이 건강하게 자랄까 아니면 열매가 거의 성숙하지않을까. 논의의 핵심은 양질의 많은 꽃가루가 만들어지는가 여부이다. 그리고 이차적으로 만일 그러하다면, 수정이 일어나는지 여부이다. 씨앗이 성숙한다는 단순한 사실은 잡종과 그 어떤연관성도 거의 없을 것이다.

(3) 복숭아가 승도복숭아로 변화하기 때문에(역으로도 일어나는가?)복숭아와 승도복숭아를 교배한 결과는 무엇인가. 같은 질문을

---

55 쾰로이터가 1805년에 시작하여 1807년에 끝낸 3권으로 된 책이다.
56 오늘날에는 콩과(Fabaceae)를 의미한다.

앵초류에 대해서도 할 수 있다.

(4) 사과가 열매를 맺을 때 또는 잎이 나는 시기에 "변할 수 있는가".

(5) 가장 널리 재배하는 삼색제비꽃이 씨앗이 들어 있는 커다란 삭
과를 만드는 것처럼 흔히 재배하는 식물들도 그러한가.

 - 종에 따라서 또는 개체에 따라서 우연히 그리고 재배 과정에
  서 흔적 상태로 남아 있기도 하지만, 퇴화하여 일부 기관이
  사라진 식물들의 속이 있는가?

 - 주의하라. 벤담은 꽃의 어떤 부위가 정상적인 수에 비해 축소
  된 경우, 이 부위는 같은 종에 속하는 개체들 사이에서 그 수
  가 변하는 경향이 있다고 말했다.

23쪽. 정원에서 실험하기

- 접붙인 표준 살구나무의 씨앗을 뿌려보자, 그리고 무엇이 올라오는
 지 살펴보자.

24쪽. 실험

- 각종 소금과 유독물질을 땅에 뿌려 식물을 죽인 다음 식물들이 다시
 나타나는 순서를 관찰해보자.

삼색제비꽃(*Viola tricolor*). 『퀼러의 약용식물』 1권(1887)에 수록된 그림

다윈이 1839년 원예학자 허버트에게 보낸 10가지 질문과 답

◇◇◇◇◇◇

허버트 씨에게 여쭙습니다. (1839년 4월 1일 무렵)

1. 서로 다른 식물종을 교배할 때 나타나는 효과를 설명하는 것에 대해서 허버트 씨는 부모 개체가 지닌 서로 다른 양적 형질[1]을 합치거나 대립시키는 데 필요한 판단과 기술에 끼치는 무한한 영향에 대하여 동물 육종가들이 사용하는 용어와 거의 같은 용어를 사용했습니다. 그러나 동물 육종가들은 언제나 동물을 선택하는 것이 중요하다고 주장해왔는데, 이 동물은 필요한 양적 형질을 현재 소유할 뿐만 아니라, 여러 세대 동안 소유하여 품종 내에서 고정된 상태로 지니고 있어야 합니다. 허버트 씨는 교배를 통해 만들어진 형질, 특히 작은 변이로부터 만들어져 여러 세대를 거쳐 전해 내려온 형질이, 만일 있다면, 새로 출현한 형질에 비해 자식에게도 전해질 가능성이 훨씬 높다는 것을 고려했나요? 만약 한 식물에 있는 한 꽃은 정상적인 형질을 유지하고 있는 다른 종의 꽃가루로 꽃가루받이시키고, 다른 한 꽃은 같은 종이긴 하나 상당한 변이를 겪고 난 후의 꽃가루로 꽃가루받이시켰다고 하면, 야생 혹은 더 오래된 상태에서 유래한 꽃가루로 꽃가루받이된 첫번째의 경우가 새로운, 혹은 재배된 상태의 꽃가루로 꽃가루받이된 경우보다 더 지속적으로 남을까요(즉, 다음 세대

---

1 생물이 지닌 형질은 크게 질적 형질과 양적 형질로 구분한다. 양적 형질은 키, 몸무게 등처럼 숫자로 표시할 수 있는 형질이고, 질적 형질은 꽃색, 잎모양 등 숫자로 표시하지는 않고 문구로 표현하는 형질이다.

다윈의 식물들

에 더 많은 개체수의 자손을 남길까요)? 또다시 만약에 예를 들어 하나는 진달래속(*Rhododendron*)에 속하는 식물의 두 꽃이 같은 변종에 속하는 두 진달래 종류의 꽃가루로 수정되었다면, 그러나 둘 중 하나는 씨를 통해 여러 세대에 걸쳐 대대로 키워졌고, 다른 하나는 최근에 발현된 새로운 형질을 지녔다고 한다면, 허버트 씨가 원하는 목적대로 키우려면 여러 세대에 걸쳐 대대로 키워진 식물을 다른 식물보다 선호하는 것이 이치에 맞습니다. 간략히 말해, (종이란 용어를 일반적인 의미로서 받아들인다면) 종은 (비록 아마 첫번째 세대에서는 그렇지 않더라도) 변종보다 자신의 형질을 더 지속적으로 지니게 됩니다. 야생 양배추의 꽃가루로부터 여러 세대에 걸쳐 만들어져 온 콜리플라워 어린싹의 색은 사람이 만든 변종의 색보다 더 지우기 어렵지 않을까요? 우연히 또는 재배하면서 나타나는 단순한 변이는 정확하게 똑같은 조건에서 씨를 뿌렸을 경우에 변이가 막 일어난 부모 종의 씨앗에서보다는 몇 세대 전부터 목표했던 특이성을 지녔던 부모 종의 씨앗에서 나타날 확률이 더 큽니다. 동물의 경우를 식물에 그대로 적용하려는 허버트 씨의 생각은 사람들로 하여금 특정 조건, 말하자면 동물의 번식에 고도의 품종개량이 아주 중요하다는 점이 식물의 경우에도 영향이 있을 것이라고 생각하도록 설득하려는 것입니다.

2. 위 질문들로부터 추론하면, (허버트 씨의 책[2] 348쪽에 근거할 때) 어떤 특정 형질이 여러 세대를 거치는 동안 변하지 않았다면, 교배를 통해서 그 형질이 변할 경향성이 더 낮은지 물어볼 수 있지 않나요?

---

2 1837년에 허버트가 출판한 『수선화과』이다.

3. (원하는 꽃가루는 제외하고 어떤 꽃가루가 접근했다고 생각할 이유가 없는
   상태에서 부모 개체와) 교배된 어린싹은 서로 전적으로 닮았나요? 또
   는 한 배에서 난 혼종 개에서 자주 나타나는 것처럼 일부는 모계 식
   물의 형질을 유지하고 나머지는 부계 식물의 형질을 유지하나요?
   만약 그렇다면, 자손에서 나타나는 이러한 차이는 종끼리 교배한 경
   우와 변종끼리 교배한 경우 중에 어느 쪽이 더 자주 일어나나요? 이
   러한 차이가 부모 종에서 나타나는 차이 정도에 의해 결정되는지,
   또는 종과 변종의 차이에 의한 것인지요? 나이트 씨는 이러한 변이
   를 잡종 사과에서 흔히 발견한 것 같은데, 허버트 씨는 원예 논문지
   에 잡종 문주란과 관련해서 대조되는 주장을 하였습니다.

4. 허버트 씨의 책(372쪽)에는 일부 속들이 다른 속들에 비해 훨씬 더
   잡종을 만들기 어렵다고 설명되어 있습니다. 일반적인 사실로 그런
   속은 다양하게 변하거나 변종을 양산하는 데 느린 것 아닌가요? 그
   반대가 맞을까요. 말하자면, 용인할 정도의 동류종이 많은 변종을
   만들고, 서로 잡종을 만들지는 않으며, 일반적으로 생식가능한 자
   식을 생산하는 경우가 있나요? 요약하자면, (서로 다른 동물들에게서
   아주 다르게 나타나는 능력이) 쉽게 다양하게 변하는 것과 잡종을 생
   산하는 능력, 특히 생식가능한 잡종을 쉽게 생산하는 것과 관련이
   있나요?

5. 일반적으로 두 재배식물 사이, 또는 재배식물과 야생식물(또는 원래
   의 형질을 유지하고 있는 재배식물) 사이에서 잡종을 만드는 것이 두 야
   생식물 사이에서 잡종을 만드는 것보다 더 쉬운가요? 간략히 말해,
   일반적으로 재배에 따라 생성된 변이가 더 쉽게 잡종으로 이어지나
   요? 예를 들어 (아마도 두 경우 모두 확실히 나쁜 예시입니다만), 사과를

크랩사과[3]의 꽃가루와 잡종을 만드는 것이 크랩사과를 사과의 꽃가루와 잡종을 만드는 것보다 더 쉬운가요? 또는 이 경우들에서 어떠한 차이를 발견할 수 없나요?

6. 잡종을 만들기 어려운 종들이 포함된 속은 일련의 식물계에서 보통 고립된 편인가요? 허버트 씨는 설명하는 데 실패했던 주요 속들의 이름을 나열하실 것인가요?

7. (확실히 근거는 거의 없지만) 조류들 중에, 원래 멀리 떨어져 있던 지역에서 온 종이 근처 지역에서 온 종보다 공동으로 육아를 하는 경우가 많습니다. 허버트 씨는 식물에서 이러한 사례를 발견한 적이 있나요?

8. 허버트 씨의 위대한 경험으로 보아, 식물에서 처음으로 발견되어, 두번째 세대, 혹은 자식 세대가 아닌 손자 세대로 전해지는 형질을 알고 있나요? 그러나 조부모에게서 형질을 유발한 원인이 다시 손주에게 나타나게 한다는 것에는 언제나 의심의 여지가 있습니다. 이는 예를 들어, 한 남자가 6개의 발가락, 또는 입술갈림증[4], 또는 알비노 등을 지니고 한 가정에서 처음으로 태어나서, 온전한 여성과 결혼해서 온전한 아이들을 낳았지만, 일부 손주들이 그러한 특이사항들을 겪어야 한다고 가정하는 것입니다.

9. 허버트 씨는 (336쪽에서) 잡종이 되는 과정 때문에, 어느 정도 생식

---

3 *Malus sylvestris*. 크랩애플이라고도 부르며, 이 종을 개량하여 사람들이 먹는 사과 (*M. domestica*)를 만들었다.
4 토끼처럼 윗입술이 갈라져 있는 증상이다.

가능성에 반하여 꽃보다는 쓸모 있는 과일나무가 생산될 가능성이 더 낮다고 합니다. 이 주장은 주로 변종으로 수행한 나이트 씨의 실험 결과를 암시하는데, 허버트 씨는 아주 다른 변종을 교배할 경우에도 어느 정도 생식가능성이 약해진다고 믿는 것인가요? 허버트 씨의 다른 글에서는 약간의 다른 변종과의 교배가 같은 식물종과의 교배보다 더 많은 생산력을 가진다는 의견이 있는 것으로 보입니다.

10. 허버트 씨는 양치식물이나 버섯 중에 하나라도 민꽃식물의 잡종을 본 적이 있으신가요? 외국 저널에서는 최근에 잡종 양치식물의 경우를 언급했습니다.

찰스 다윈

◇◇◇◇◇◇

J. S. 헨슬로 씨에게 윌리엄 허버트 씀 (1839년 4월 5일)

안녕하세요.

나는 다윈 씨의 질문들에 명확한 대답을 드리는 것이 내 권한 안에 있길 바랍니다. 질문들은 모두 연구하기에 알맞은 핵심들이나, 한 사람의 일생보다 더 긴 경험이 요구되며, 특히 이 주제에 오직 우연히 관심을 기울인 사람만이 답을 제공할 수 있을 것입니다.

나는 첫번째 질문, 즉 오랜 시간에 걸쳐 만들어진 변종, 또는 종은 최근에 발생한 경우보다 씨를 통해 반드시 더 균일하게 자손을 남길 가능성이 높아야 한다는 것에 대해서 어느 정도 의심의 여지없이 설명할 수 있습니다. 당신은 첫번째 경우에 대해 경험을 갖고 있으신데, 2번 질문의 경우엔 전혀 확신할 수 없을 것입니다. 만약 어린싹이 잡종 부모의 형질과 정확히 일치하는 잡종 식물로 얻어진다면, 당신은 기존에 만들어진 균일한 품종에 대해 잡종의 생식에 대해 가졌던 것보다 훨씬 강한 관점을 가질 수 있을 것입니다.

자연적으로 변종을 만들어낸 식물의 꽃가루가 변이되지 않은 식물의 꽃가루에 비해 반드시 훨씬 덜 균일한 형태의 잡종을 생산할 가능성이 높다는 것은 이치에 맞습니다. 그러나 나는 영구적인 원예 변종 식물의 꽃가루도 마찬가지로 쉽게 변이하는 자연 종의 경우처럼 쉽게 균일하게 생산할 수 있을 것이라고 생각합니다.

정원에서 키우는 접시꽃을 예로 들면, 접시꽃은 의심할 여지없이 재배된 식물 변종이지만, 지속적으로 씨에 따라 각각의 색을 가진 자손을 생산합니다. 적어도 비슷한 체제로 되어 있고 쉽게 섞일 수 있는 종을 택하면, 나는 접시꽃 한 변종의 꽃가루가 다른 접시꽃 변종과 만나는 것이 야생 칼세올라리아의 경우와 같이 정확히 똑같이 결정적이라고 봅니다. 이 대답들은 질문 1, 2에 대한 것입니다.

질문 3 나는 잡종 채소들은 모계 식물보다 부계 식물에 더 큰 영향을 받는다고 생각합니다. 그러나 나는 잡종의 자손은 자라는 기후와 토양에 가장 잘 적응한 부모의 체제에 영향을 받게 된다고 생각합니다.

질문 4 나는 잡종을 만들기 어려운 속이 변이하는 데 느리다는 것을 모릅니다. 현재까지, 나는 계속 시도했지만, 크로커스를 교배하려는 모든 시도는 실패했습니다. 그러나 남부 유럽 거의 전역에 걸쳐 크로커스속(*Crocus*)에 속하는 종이나 변종이 발견되며, 봄사프란(*Crocus vernus*)과 베지컬러크로커스(*C. versicolor*) 원예 변종은 아주 많습니다. 나는 체제의 균일성이 혼합하는 데 중요한 역할을 한다고 생각하지만, 왜 히페아스트룸속(*Hippeastrum*)[5]에 속하는 종은 잡종을 만드는데, 이와 가깝게 연관된 속에 있는 나도사프란속(*Zephyranthes*)과 하브란터스속(*Habranthus*)에 속하는 종은 잡종을 만들기 어려운지는 모르겠습니다.

질문 5 나는 두 야생종보다 두 재배종으로 잡종을 만드는 것이 더 쉽다는 것을 관찰한 적이 없습니다. 야생 씨앗으로 키워진 칼세올라리아는 잡종을 만드는 것이 아주 쉽습니다. 신선한 수입 구근은 재배한 씨앗

---

5 흔히 아마릴리스속으로 부르나 *Amaryllis*라는 또 다른 속이 있다. *Hippeastrum*를 아마릴리스속으로 부르면서 *Amaryllis*를 벨라도나수선속으로 부르고 있다.

다윈의 식물들

으로 키운 것처럼 잡종이 쉽게 만들어집니다.

질문 6 나는 잡종을 만들기 어려운 속이 격리되어 있다고 생각하지 않습니다. 나는 붓꽃속(*Iris*)에 속하는 종을 교배시키려는 많은 시도를 했지만, 성공하지 못하였습니다. 그러나 이 속에 있는 여러 종을 구분하고 많은 야생 유형들을 일반적인 종의 변종으로 간주할지 말지를 결정하는 것만큼 어려운 것은 없습니다. 또한 목[6]에 속한 여러 속의 경계를 결정하는 것만큼 어려운 것은 없고, 이는 거의 가망 없을 정도로 헷갈리는 일입니다.

질문 7 나는 먼 지역에서 온 종이 인접 지역에서 온 종에 비해 같이 자손을 남길 확률이 훨씬 더 높다고 생각합니다. 후자의 경우 이미 가까워져서 같이 육종되지 않을 확률이 훨씬 높습니다. 나는 이들이 살았던 지역의 거리가 상호교배를 더 쉽게 하는 것과는 관련이 없다고 생각합니다.

질문 8 나는 특정 식물에서 처음 나타난 형질이 첫번째 자손에서는 사라졌으나 손주 세대에서 다시 나타난 경우가 있다는 것을 들어보지 못했습니다. 이러한 사례는 정원에서 자라는 기형이 생식가능일 때에는 흔하다고 생각합니다. 그러나 이러한 경우 일반적으로 기형의 꽃가루가 잃어버린 형질을 다시 만드는 데 사용되었을 가능성이 있습니다. 나는 호스인호스카우슬립앵초로부터 만들어진 것이 명백한 어린싹은 조상이 다른 앵초류보다 호스인호스카우슬립앵초 어린싹을 생산할 가

---

6 종-속-과-목-강-문-계로 이어지는 분류계급 중 하나이다. 단, 여기에서 말하는 목은
　　오늘날 과에 해당한다.

능성이 더 큽니다. 해충[7]의 색에서 벗어나 야생에서 흰색으로 자라는 식물의 파란색 자손은 철저하게 파란색으로 육종된 계통보다 하얀색인 자손을 더 생산합니다.

질문 9 나는 원예 변종으로 잡종을 만드는 것이 생식가능성을 더 악화한다고 생각하지 않습니다. 나는 과일나무가 변종들을 교배시킴으로써 자유롭게 개량되지 않는다고 말하는 것은 전혀 아닙니다. 하지만 당신이 과일나무 두 종을 교배시킨다면 당신은 새로운 과일보다는 새로운 꽃에서 이득을 얻게 될 가능성이 큽니다. 예를 들어 나는 잡종인 자주시계꽃(*Passiflora caerulea-racemosa*)[8]을 재배하여 맺은 열매로부터 씨앗을 하나 얻었는데, 오직 하나였고, 그마저도 과육에 과즙이 부족했습니다.

질문 10 나는 양치식물이나 균류에는 관심이 없습니다.

사계절에 걸친 경험은 만약, 한 줄기에서 (말하자면) 4개의 꽃을 피우는 히페아스트룸속(*Hippeastrum*) 두 종을 예로 들면, 각각의 식물에서 3개의 꽃은 식물 자신의 꽃가루로 꽃가루받이시키고, 하나는 다른 식물의 꽃가루로 꽃가루받이를 시키면, 이 하나의 꽃이 다른 꽃들을 능가해서 더 많은 씨앗을 만들며, 나머지 3개 꽃은 씨앗을 맺는 데 실패하거나 훨씬 더 천천히 자라고 외피도 덜 자란다는 것을 분명히 보여주었습니다.[9] 나는 지금 브라질 오르간 산맥에서 새로 들여온 속의 구근을 가지고 이 식물의 자연적인 꽃가루와 잡종의 꽃가루 중 어느 것

---

7 *Drimia maritima*. 백합과에 속하는 식물로 커다란 알뿌리를 만든다.

8 시계꽃(*P. caerulea*)과 붉은시계꽃(*P. racemosa*)을 교배해서 만든 잡종 시계꽃 종류이다.

9 이 내용은 『종의 기원』 250쪽에 설명되어 있다.

이 지배적인 영향을 미치는지 알아보는 실험을 하려고 노력 중입니다.

나는 내가 할 수 있는 선에서 질문들에 대답했습니다만, 완벽한 답을 구하기 위해서는 다양한 속을 가지고 오랫동안 실험을 하는 과정이 필요합니다.

선생님의 고견을 바랍니다.

허버트

본문에 나오는 책의 원제

◇◇◇◇◇◇◇◇◇◇◇◇◇◇◇◇

『감정의 표현』 - The expression of the emotions in man and animals

『꽃의 다른 형태들(같은 종에 속하는 꽃들의 서로 다른 형태들)』 - The different forms of flowers on plants of the same species

『난초의 수정(영국과 외국에서 자라는 난초가 곤충에 의해 수정되는 데 관여하는 다양한 장치들과 상호교배의 이점들)』 - On the various contrivances by which British and foreign orchids are fertilised by insects

『다윈 평전』 - Darwin, The life of a tormented evolutionist

『덩굴식물의 운동과 습성』 - On the movements and habits of climbing plants

『무병만각류의 종속지』 - A monograph on the sub-class Cirripedia, with figures of all the species. The Balanidæ, (or sessile cirripedes); the Verrucidæ, etc. etc. etc.

『비글호 탐험과 동물학』 - The Zoology of the Voyage of H.M.S. Beagle Under the Command of Captain Fitzroy, R.N., during the Years 1832 to 1836

『비글호 탐험과 지질학』 - Journal of researches into the geology and natural history of the various countries visited by H.M.S. Beagle

『비글호 탐험기』 - Narrative of the surveying voyages of His Majesty's ships Adventure and Beagle, between the years 1826 and 1836, describing their examination of the southern shores of South America, and the Beagle's circumnavigation of the globe.

『생육 상태에서 나타나는 동식물의 변이』 - The variation of animals and plants under domestication

『셀본의 자연사』 - The Natural History of Selborne

『식물의 운동 능력』 - The power of movement in plants

『식물지리학의 기초적 서론』 - Essai Élémentaire de Géographie Botanique

『식충식물』 - Insectivorous plants

『에든버러 식물상』 - Flora Edinensis: Or, A Description of Plants

Growing Near Edinburgh, Arranged According to the Linnean System, with a Concise Introduction to the Natural Orders of the Class Cryptogamia, and Illustrative Plates

『영국 곤충 도해』 - Illustrations of British entomology; or, A synopsis of indigenous insects: containing their generic and specific distinctions

『영국 식물 목록』 - A Catalogue of British Plants

『영국 식물 안내서』 - Handbook of the British Flora: a Description of the Flowering Plants and Ferns Indigenous to, or Naturalised in, the British Isles; for the Use of Beginners and Amateurs

『유럽의 새』 - The Birds of Europe

『인간이 나타나기 전의 식물 세계』 - La Végétation du Globe dans les temps antérieurs à l'homme

『인류의 친연관계』 - The descent of man, and selection in relation to sex

『자연 현상의 자연지리학 지도』 - Physical Atlas of Natural Phenomena

『정원사 신문』 - Gardeners' Chronicle

『종 변형 공책 B』 - Darwin's notebooks on transmutation of species. Part I. First notebook [B]

『종의 기원』 - On the origin of species by means of natural selection, or the preservation of favoured races in the struggle for life

『지질학 원리』 - Principles of Geology: Being an Attempt to Explain the Former Changes of the Earth's Surface, by Reference to Causes Now in Operation

『찰스 다윈의 자연선택』 - Charles Darwin's Natural Selection; being the second part of his big species book written from 1856 to 1858

『타가수정과 자가수정(식물계에서 타가수정과 자가수정의 결과)』 - The effects of cross and self fertilisation in the vegetable kingdom

이 책에 나오는 사람들

◇◇◇◇◇◇◇◇◇◇◇◇◇◇◇◇◇

굴드 Gould, John(1804~1881). 영국의 조류학자로, 다윈이 비글호 탐험 기간, 특히 갈라파고스 제도에서 채집한 조류의 문제점을 지적했다.

그레이엄 Graham, Robert(1786~1845). 스코틀랜드 출신의 식물학자로, 1820년부터 에딘버러 대학교 교수로 재직했다.

그레이 Gray, Asa(1810~1888). 미국의 식물학자로 하버드 대학교 교수였다. 미국에서는 19세기 최고의 식물학자로 손꼽힌다. 다윈과 편지로 식물에 대한 정보를 주고받았다.

그리빌 Greville, Robert Kaye(1794~1866). 영국의 식물학자로, 에든버러 대학교에서 강의하면서 균류와 식물을 채집했다.

나이트 Knight, Thomas Andre(1759~1838). 영국의 원예학자이자 식물학자로, 1822년 『런던 원예학회 보고서』 3권을 간행했다.

더글러스 Douglas, David(1799~1834). 스코틀랜드 출신의 식물학자로, 1825년 1월 10일에 갈라파고스 제도에서 식물을 채집했다.

돈 Don, David(1799~1841). 스코틀랜드 출신의 식물학자로 킹스칼리지런던의 교수였다.

드싸포르타 de Saporta, Gaston(1823~1895). 프랑스의 고식물학자이자 소설가이다. 다윈의 진화 이론의 지지자로서, 1868년부터 다윈과 편지를 주고받았다. 1873년부터 1884년에 걸쳐 6권으로 된 『프랑스의 고생물학, 쥐라기의 식물』을 집필했다.

드캉돌 de Candolle, Augustin Pyrame(1778~1841). 스위스의 식물학자로, 자연의 전쟁이라는 개념을 정립하여 다윈에게 큰 영향을 주었다.

드켄 Decaisne, Joseph(1807~1882). 프랑스의 식물학자이자 농학자로, 1824년부터 파리식물원에서 연구했다. 수많은 속씨식물을 기재했다.

라이엘 Lyell, Charles(1767~1849). 스코틀랜드 출신의 식물학자로, 지질학자인 라이엘의 아버지이다.

라이엘 Lyell, Charles, Sir 1st Baronet(1797~1875). 스코틀랜드 출신의 지질학자로, 다윈에게 큰 영향을 준 『지질학 원리』를 출간했다. 아버지는 식물학자인데 아버지와 이름이 똑같다.

투옌딕 Luyendyk, Bruce Peter(1943~). 미국의 지질물리학자이자 해양학자로, 질랜디아라고 부르는 바다 밑에 잠겨 있는 대륙을 발견했다.

린네 Linnaeus, Carl(1707~1778). 스웨덴의 식물학자로, 학명을 처음으로 고안했고, 『자연의 체계』, 『식물 종』, 『식물 속』, 『식물 철학』 등의 책을 발간했다. 분류학의 아버지로 불린다.

린들리 Lindley, John(1799~1865). 잉글랜드 출신의 식물학자이다.

매코믹 McCormick, Robert(1800~1890). 영국 군함의 의사이자 자연사학자로, 비글호에 자연사학자 자격으로 탑승했다가 중간에 하선했다.

맥레이 McRae, James(?~1830). 스코틀랜드 출신의 식물학자로, 1826년에 갈라파고스 제도의 식물을 채집했다. 후커는 다윈이 보낸 표본을 정리해서 논문으로 발표할 때, 맥레이의 표본도 인용했다.

멘지스 Menzies, Archibald(1754~1842). 스코틀랜드 출신의 자연사학자로, 1795년 2월에 갈라파고스 제도에서 식물을 채집했다.

미켈 Miquel, Friedrich Anton Wilhelm(1811~1871). 네덜란드의 식물학자로, 네덜란드령 동인도제도의 식물을 연구했다. 7,000여 종의 새로운 종을 발표했다.

배빙턴 Babington, Charles Cardale(1808~1895). 영국의 식물학자이자 고생물학자로, 『영국 식물상 편람』을 출간했다.

베넷 Bennett, William(1804~1873). 영국 출신의 아마추어 식물학자이다. 그의 아들 앨프리드 윌리엄 베넷(Alfred William Bennett)은 식물의 수분과 수정에 관한 연구를 했으며, 다윈과도 교류했다.

벤담 Bentham, George(1800~1884). 영국의 식물학자로, 후커와 『속 식물지』를 1862년부터 1883년까지 발간했다.

벨 Bell, Thomas(1792~1880). 영국의 동물학자로, 갈라파고스 제도의 거북이가 이 제도의 고유종임을 밝혔다.

볼 Ball, John(1818~1889). 아일랜드 출신의 자연사학자이자 등반가로, 식물학에 관심이 많았다. 볼은 이산화탄소 농도가 낮은 고산에서 고등식물이 기원했다고 설명했다. 이산화탄소 농도가 낮아지면서 고등식물이 저지대로 내려왔으므로, 초기 고등식물의 화석이 저지대에서 발견되지 않는다고 설명했다.

봉프랑 Bonpland, Aime(1773~1858). 프랑스의 탐험가이자 식물학자로, 훔볼트와 함께 1799년부터 1804년까지 아메리카 대륙을 탐사했다.

브라운 Brown, Robert(1773~1858). 스코틀랜드 출신의 식물학자이자 고식물학자이다. 1881년 난초과(Orchidaceae)와 박주가리과(Asclepiadaceae) 식물들에서 진행되는 수정 현상을 연구했고, 난초류 세포 안에서 핵을 발견했다.

브롱니아르 Brongniart, Alexandre(1770~1847). 프랑스의 식물학자로, 식물 화석을 연구했으며, 특정 화석 식물은 특정한 지층에만 분포한다고 주장했다.

비그만 Wiegmann, Arend Friedrich(1770~1853). 독일의 식물학자이다.

세지윅 Sedgwick, Adam(1785~1873). 영국의 지질학자로, 현대 지질학의 설립자로 알려져 있다. 다윈에게 지질학을 알려주었으나, 다윈의 진화론을 반대했다.

스쿨러 Scouler, John(1804~1871). 스코틀랜드 출신의 자연사학자로, 1825년 1월 10일에 갈라파고스 제도에서 식물을 채집했다.

스팔란차니 Spallanzani, Lazzaro(1729~1799). 이탈리아의 생물학자로, 고깃국을 끓인 다음 마개를 막아 생물이 발생하지 않음을 보여줌으로써 당시에 유행하던 자연발생설을 부정했다.

오웬 Owen, Richard(1804~1892). 영국의 생물학자이자 비교해부학자, 고생물학자이다. 화석을 연구하면서 공룡이라는 단어를 만들었는데, 다윈이 남아메리카에서 채집한 화석 연구를 수행했으나, 다윈의 진화론은 반대했다.

워터하우스 Waterhouse, George Robert(1810~1888). 영국의 자연사학자로, 포유류와 딱정벌레를 연구했다. 호프 등과 함께 런던곤충학회를 창립했다.

월리스 Wallace, Alfred Russel(1823~1913). 영국의 자연사학자로, 남아메리카 일대와 말레이 제도 일대의 생물을 조사했다.

윌버포스 Wilberforce, Samuel(1805~1873). 영국 옥스퍼드교구 주교로, 다윈이 주장한 진화론을 반대한 사람으로 유명하다.

제닌스 Jenyns, Leonard(1800~1893). 영국의 자연사학자로, 다윈이 탑승했던 비글호의 자연사학자로 갈 예정이었으나 취소했고, 대신에 다윈이 승선했다. 런던동물학회의 설립자 중 한 사람이다.

제라르 Gérard, Frédéric(1806~1857). 프랑스의 식물학자로, 진화론적 사고를 지닌 사람이다. 1844년 『조직화된 생물종에 대하여』를 발표했다.

제임슨 Jameson, Robert(1774~1854). 스코틀랜드 출신의 자연사학자로, 1804년 부터 에든버러 대학교에서 강의했다.

존스톤 Johnston, Alexander Keith(1804~1871). 스코틀랜드의 지리학자이자 지도 제작자로, 『자연 현상의 자연지리학 지도』를 출간했다.

커비 Kirby, William(1759~1850). 영국의 곤충학자로, 곤충, 특히 벌이 보여주는 아름다움을 벌 그 자체에서 원인을 찾으려 하지 않고 자연신학적 관점에서 받아들였다.

쾰로이터 Kölreuter, Joseph Gottlieb(1733~1806). 독일의 식물학자이다. 식물의 꽃가루받이를 연구한 개척자로, 특히 곤충이 꽃가루받이에 미치는 영향을 연구해서 곤충수분생물학의 창시자로 불린다.

티슬턴다이어 Thiselton-Dyer, William Turner(1843~1928). 영국의 식물학자로, 큐 왕립식물원에서 근무했다.

포브스 Forbes, Edward(1815~1854). 그레이트브리튼섬과 아일랜드섬 사이에 있는 조그만 섬인 맨섬(Isle of Man) 출신의 자연사학자로, 섬과 대륙의 중간에는 격리된 섬들이 있어 서로서로 연결되어 있다고 주장했다.

플레밍 Fleming, John(1785~1857). 스코틀랜드의 자연사학자이자 동물학자로, 1822년 『동물철학』을 발간했다.

허버트 Herbert, William(1778~1847). 영국의 식물학자로, 수선화과 (Amaryllidaceae)를 연구했다. 다윈이 보낸 10가지 질문에 대답해주었다.

허셜 Herschel, John(1792~1871). 영국의 천문학자이자 지질학자이다. 『자연철학 연구 기초 논설』을 썼는데, 다윈이 이 책을 케임브리지 시절 읽고 감명을 받았다.

헉슬리 Huxley, Thomas Henry(1825~1895). 영국의 생물학자이자 인류학자로, 다윈의 진화 이론을 적극적으로 뒷받침하여 '다윈의 불도그'라 불린다.

헨슬로 Henslow, John Stevens(1796~1861). 영국의 식물학자이자 지질학자로, 케임브리지 대학교 교수였다. 다윈에게 식물학을 알려주었을 뿐만 아니라 비글호 탐험을 제안했다.

호프 Hope, Frederick William(1797~1862). 영국의 목회자이자 자연사학자로, 주로 곤충을 조사했다. 런던곤충학회의 창립자 가운데 한 사람이다.

후커 Hooker, Joseph Dalton(1817~1911). 영국의 식물학자이자 탐험가로, 주로 식물을 연구했다. 다윈의 열렬한 후원자로 널리 알려져 있다.

후커 Hooker, William(1785~1865). 영국의 자연사학자로, 다윈의 친구이자 지지자였던 조지프 후커의 아버지이다.

훔볼트 Humboldt, Alexander von(1769~1859). 독일의 지리학자이자 자연사학자이다. 1799년부터 1804년까지 아메리카 대륙을 탐사했고, 그 결과를 『1799년부터 1804년까지 신대륙 적도 부근의 탐험기』로 출간했다.

히어 Heer, Oswald(1809~1883). 스위스의 지질학자이자 자연사학자로, 취리히 대학교 식물학과 교수를 역임했다. 다윈의 진화론에 반대했지만, 백악기에 급격하게 발달한 꽃 피는 식물에 대해 다윈과 편지를 주고받았다.

참고문헌
◇◇◇◇◇◇

Anonymous, 1836. Art. XLIII. Extracts of Letters from C. Darwin, Esq., to Professor Henslow. Entomological Magazine 3(5): 457-460.

Arditti, J., J. Elliott, I.J. Kitching and L.T. Wasserthal. 2012. 'Good Heavens what insect can suck it'-Charles Darwin, *Angraecum sesquipedale* and *Xanthopan morganii praedicta*. Botanical Journal of the Linnean Society 169: 403-432.

Ashworth, J.H. 1936. Charles Darwin as a student in Edinburgh, 1825-1827. Proceedings of the Royal Society of Edinburgh 55: 97-113.

Ball, J. 1879. On the Origin of the Flora of the European Alps. Proceedings of the Royal Geographical Society and Monthly Record of Geography 1(9): 564-589.

Barlow, N.(ed.) 1958. The autobiography of Charles Darwin 1809-1882. With the original omissions restored. Edited and with appendix and notes by his grand-daughter Nora Barlow. Collins.

Barrett, P.H., P.J. Gautrey, S. Herbert, D. Kohn and S. Smith. 2008. Charls Darwin's Notebooks 1836-1844. Cambridge University Press.

Bentham, G. 1858. Handbook of the British Flora; A description of the flowering plants and ferns digigenous to, or naturalized in, The British Isles. For the Use of Beginners and Amateurs. Levell Reeve.

Brys, R. and H. Jacquemyn. 2009. Biological Flora of the British Isles: *Primula veris* L. Journal of Ecology 97: 581-600.

Cohen, J.I. 2010. "A case to which no parallel exist": The influence of Darwin's Different Forms of Flowers. American Journal of Botany 97: 701-716.

Crawford, R. 2013. On Glasgow and Edinburgh. Harvard University Press.

Darwin, C.R. 1839. Narrative of the surveying voyages of His Majesty's Ships Adventure and Beagle between the years 1826 and 1836, describing their examination of the southern shores of South America, and the Beagle's circumnavigation of the globe. Journal and remarks. 1832-1836. Henry Colburn.

Darwin, C.R. 1857. Bees and the fertilisation of kidney beans. Gardeners' Chronicle and Agricultural Gazette no. 43 (24 October), p.725.

Darwin, C.R. 1860. Fertilisation of British orchids by insect agency. Gardeners' Chronicle and Agricultural Gazette no. 23 (9 June), p.528.

Darwin, C.R. 1862a. On the various contrivances by which British and foreign orchids are fertilised by insects, and on the good effects of intercrossing. John Murray.

Darwin, C.R. 1862b. On the two forms, or dimorphic condition, in the species of Primula, and on their remarkable sexual relations. Journal of the Proceedings of the Linnean Society of London (Botany) 6: 77-96.

Darwin, C.R. 1865. On the movements and habits of climbing plants. Journal of the

Linnean Society of London (Botany) 9: 1-118, 13 text figures.

Darwin, C.R. 1875. Insectivorous Plants. John Murray.

Darwin, C.R. 1876. The effects of cross and self fertilisation in the vegetable kingdom. John Murray.

Darwin, C.R. 1877. The different forms of flowers on plants of the same species. John Murray.

Darwin, C.R. 1880. The power of movement in plants. John Murray.

Darwin, F. and A.C. Seward(eds.). 1903. More letters of Charles Darwin. A record of his work in a series of hitherto unpublished letters. Volume 2. John Murray.

Darwin, F.(ed.) 1887. The life and letters of Charles Darwin, including an autobiographical chapter. Volume 1. John Murray.

Darwin, F.(ed.) 1887. The life and letters of Charles Darwin, including an autobiographical chapter. Volume 3. John Murray.

Darwin, F.(ed.) 1909. The foundations of The origin of species. Two essays written in 1842 and 1844. Cambridge University Press.

Duncan, M.P. 2000. Botanizing with Darwin. Virginia Journal of Sciences 51: 205-214.

Freeman, R.B. 1977. The works of Charles Darwin: an annotated bibliographical handlist. 2nd ed. Folkstone.

Friedman, W.E. 2009. The meaning of Darwin's "Abominable mystery". American Journal of Botany 96: 5-21.

Henslow, J.S. 1837. Description of Two New Species of *Opuntia*; with Remarks on the Structure of the Fruit of *Rhipsalis*. Magazine of Zoology and Botany 1: 466-68.

Herendeen, P.S., E.M. Friis, K.R. Pedersen and P.R. Crane. 2017. Palaeobotanical redux: revisiting the age of the angiosperms. Nature Plants 3: 1-8.

Hooker, J.D. 1847a. An enumeration of the plants of the Galapagos Archipelago; with descriptions of those which are new. [Read 4 March, 6 May, and 16 December 1845.] Transactions of the Linnean Society of London 20: 163-233.

Hooker, J.D. 1847b. Observations on the Botany of Kerguelen Island. Philosophical Transactions of the Royal Society of London, 168: 9-16.

Hopkins, W.G. and N.P.A. Huner. 2009. Introduction to Plant Physiology. 4ed. John Wiley & Sons, Inc.

Humboldt, A. von and A. Bonpland, A.(edited and introduced by Jackson, S.T., English translated by Romanowski, S.) 2009. Essay of the geography of plants. The University of Chicago.

Huxley, L. 1918. Life and Letters of Sir Joseph Dalton Hooker, O.M., G.C.S.I., Vol. 1. John Murray.

Isnard, S. and W.K. Silk. 2009. Moving with climbing plants from Charles Darwin's time into the 21st Century. American Journal of Botany 96: 1205-1211.

Jacquemyn, H. 2009. Biological Flora of the British Isles: *Primula vulgaris* Huds. (*P. acaulis* (L.) Hill). Journal of Ecology 97: 812-833.

Kohn, D., G. Murrell, J. Parker and M. Whitehorn. 2005. What Henslow taught Darwin. Nature 436: 643-645.

Kutschera, U. and W.R. Briggs. 2009. From Charles Darwin's botanical country-house studies to modern plant biology. Plant Biology 11: 785-795.

Litchfield, H.E.(ed.) 1915. Emma Darwin, A century of family letters, 1792-1896. Volume 2. John Murray.

Luyendyk, B.P. 1995. Hypothesis for Cretaceous rifting of east Gondwana caused by subducted slab capture. Geology 23(4): 373-376.

Owens, S. and R. Miller. 2009. Cross- and self-fertilization of plants –Darwin's experiments and what we know now. Botanical Journal of the Linnean Society 161: 357-395.

Porter, D.M. 1980. The vascular plants of Joseph Dalton Hooker's An enumeration of the plants of the Galapagos Archipelgo; with descriptions of those which are new. Botanical Journal of the Linnean Society 81: 79-134.

Porter, D.M. 1987. Darwin's notes on Beagle plants. Bulletin of the British Museum (Natural History) Historical Series 14, No. 2: 145-233.

Sandys, J.E. 1910. Darwin's honorary LLD: The public oration. In Orationes et epistolae Cantabrigienses(1876–1909). Macmillan and Co. pp.6-7.

Sgorbati, S., M. D'Antraccoli, S. Citterio, R. Gentili, and L. Peruzzi. 2018. Was Charles Darwin right in his explanation of the 'abominable mystery'? Italian Botanist 5: 25-30.

Stauffer, R.C.(ed.) 1975. Charles Darwin's Natural Selection; being the second part of his big species book written from 1856 to 1858. Cambridge University Press.

Stocklin, J. 2009. Darwin and the plants of the Galapagos Islands. Bauhinia 21: 33-48.

Warner, B. 2009. Charles Darwin and John Herschel. South African Journal of Science 105: 432-439.

다윈, 찰스(신현철 역주). 2019. 종의 기원 톺아보기. 소명출판.
다윈, 찰스(장순근 역주). 2013. 비글호 항해기. 리젬.
데스먼드, 에이드리언과 무어, 제임스(김명주 역). 2012. 다윈 평전. 뿌리와이파리.
마이어, 에른스트(신현철 역). 1998. 진화론 논쟁. 사이언스북스.
만쿠소, 스테파노(김현주 역). 2016. 식물을 미치도록 사랑한 남자들. 푸른지식.
박성관. 2010. 종의 기원, 생명의 다양성과 인간 소멸의 자연학. 그린비.
신현철. 2016. 진화론은 어떻게 진화했는가. 컬처룩.
코스타, 제임스(박선영 역). 2019. 다윈의 실험실. 와이즈베리.
쾀멘, 데이비드(이한음 역). 2008. 신중한 다윈씨. 승산.

찾아보기

◇◇◇◇◇◇

ㄱ

가시떨기나무 102
갈라파고스 제도 53~60, 71, 73, 75, 88,
    90~94, 97, 107, 110, 112, 117, 131,
    220, 255, 284, 291
갈라파고스선인장 57
『감정의 표현』 187
개나리 164, 211
개체변이 85
개체차이 129, 199, 201
겉씨식물 156~157, 227, 289
겨우살이 143~145
겹꽃 83~84, 86~87, 256, 266~268,
    273, 277~278, 285
경성운동 218, 222
고등식물 55, 93, 227~228, 230,
    245~247, 251
공생 142~143
공진화 238
공통부모 134, 137, 154, 241
공통조상 153~154, 182~183, 192,
    196, 222, 250
굴광성 218, 222
굴드 72, 287
굴성운동 218
굴지성 217~218, 222
굴촉성 185, 194
귀리 217, 277, 292
그레이 175~176, 178, 180~182, 210,
    288
그레이엄 29
그리빌 29
근생환경 44, 134, 264, 266
기생 142, 145
기생식물 178
꽃가루받이 150, 198, 201, 203, 210,
    235, 238, 296, 304
『꽃의 다른 형태들』 205~207, 209,
    211~212, 222

ㄴ

나이트 272, 280, 285, 298, 300
난초(류) 164~168, 170~171, 173~176,
    182, 188, 221, 277, 291
『난초의 수정』 167, 170~176, 181, 187,
    197~198, 202, 220~221
남극대륙 88, 104, 118, 230, 249, 252
뉴칼레도니아 248~250

ㄷ

다윈선인장 57
다형현상 164
단주화형 206, 209~211
더글러스 92
던칸 26, 31
덩굴식물 166, 177~178, 180~185,
    194, 196, 213, 215~216, 222
『덩굴식물의 운동과 습성』 177, 180,
    182~184, 187, 214~215, 222
덩굴야자나무 180
도브잔스키 127, 223
돈 74, 283
동일개체수분 201
동일화수분 201
동정 74, 94, 101, 221, 287
동포클랜드섬 70
동형접합 210
둥근잎나팔꽃 203
뒤영벌 149~150, 152, 239
드싸포르타 228~229, 234, 236~239,
    242, 245
드캉돌 31~32, 77, 138, 269

꿀벌 149~150, 152, 239, 282
꿀벌난초 168~170
끈끈이주걱(류) 162, 186, 188~196

드켄 97
들갓 102~103
따개비(류) 100~101, 104, 122, 213,
　　220~221, 231

ㄹ

라이엘 32~33, 90, 124, 188, 232, 254
로버트 워링 다윈 20, 222
루옌딕 248
린네 22, 26, 28, 97, 262, 268, 281,
　　283, 292
린들리 284

ㅁ

마데이라섬(제도) 111, 232, 234, 287
마운트 하우스 20~21, 72
말레이 제도 123, 125~126, 180, 283
매코믹 88
맥레이 92~93
멘도사 70
멘지스 92
모나칸투스속 171
모리오난초 29~30
몬테비데오 64, 70
『무병만각류의 종속지』 122
미안투스속 171
미켈 97

ㅂ

발파라조 70
배빙턴 284
백악기 155~157, 228, 232, 236, 241,
　　249, 251
번식력 203
벌레먹이말 194
베넷 292
벤담 97, 156, 175~176, 294
벨 72

변이체 44
변종 44, 46, 80, 124, 126, 133~134,
　　137~139, 199, 260~264, 272~273,
　　275, 284, 290, 293, 297~298,
　　300~304
볼 226, 228~229, 240~245
봉프랑 71
붉은토끼풀 149~152, 239
브라운 74, 97, 165, 277, 291
브룽니아르 155~156, 158, 229
비그만 289
비글호 24, 41~42, 47~52, 55, 61,
　　64~67, 72, 82, 87~88, 91, 109, 123,
　　187~188, 231, 255~256
『비글호 탐험과 동물학』 52, 72~73
『비글호 탐험과 지질학』 52
『비글호 탐험기』 33, 54~55, 57~59, 72,
　　75, 77, 90, 93, 97, 107

ㅅ

산호말 188, 191
삼색제비꽃 273, 288, 294~295
새삼속 178
샌드워크 165, 168
생식가능성 84~85, 123, 201, 300, 304
『생육 상태에서 나타나는 동식물의 변이』
　　127, 187, 220, 223
생존경쟁 143, 145
생존을 위한 몸부림 123, 130, 141~143,
　　145~147, 221
세인트헬레나섬 67
세지윅 45, 66~67
속씨식물 156
수면운동 215~216, 218, 275~276
수잔 엘리자베스 다윈 65, 67
수잔나 다윈(웨지우드) 20, 222
순계교배 199
슈루즈베리 20, 282, 288~289
스쿨러 93
스팔란차니 284
『식물의 운동 능력』 215~217, 219~220,
　　222, 226, 234

『식물지리학의 기초적 서론』 32
식충식물 38, 164~166, 181, 186~188,
　191~196, 222
『식충식물』 186~188, 190, 193~194,
　197, 205, 222
쌍떡잎식물 155~156, 182, 227, 229,
　231~232, 234, 236, 238~239,
　241~243, 245

ㅇ

아브롤호스 제도 70
알베마르섬 58
암보렐라 249
애니 엘리자베스 다윈 100
앵초류 20, 43~44, 133~134, 139~140,
　208~209, 211, 260, 263, 294, 304
앵초속 134, 137, 205~206, 208, 210~211
양성화 170~171, 210
어센션섬 66~67
에든버러 25, 29, 31, 34, 77
『에든버러 식물상』 29
에밀리 캐서린 다윈 21, 23~24, 49, 64
엠마 노라 다윈(버로우) 50, 52
엠마 다윈(웨지우드) 76, 96, 164, 188,
　192, 278
『영국 곤충 도해』 65
『영국 식물 목록』 41, 46
『영국 식물 안내서』 156
영국앵초 22, 41, 44, 46, 133~135, 137,
　140, 260, 262~265, 270, 275, 293
오웬 72, 78
옥스립앵초 41, 44, 46, 134, 137, 208,
　260, 262~264
외떡잎식물 155~156, 182, 227, 229,
　238, 241~242, 283
운향 26~28
워터하우스 72
월리스 123~126, 231
윌버포스 162~164
『유럽의 새』 72
유연관계 108
은화식물 155, 229

이래즈머스 다윈 22
이래즈머스 앨비 다윈 22, 38
이형교배 200~201, 211, 222, 227
이형성 166, 181
이형접합 210
이형화주 209~212
『인류의 친연관계』 187

ㅈ

자가수정 166, 170, 199~204, 212
자극감수성 182~183
『자연 현상의 자연지리학 지도』 117
자연선택 33, 123~124, 126~127,
　129~130, 147~150, 152~154, 158,
　180, 228, 239
잡종 79, 134, 137~138, 174, 198,
　214, 261~262, 265, 272, 275, 279,
　281~282, 287~288, 290, 292~293,
　298~305
장주화형 206, 209~211
적자생존 129
『정원사 신문』 83, 112~113, 115, 168, 266
제닌스 72
제라르 97
제물 223
제임스섬 53, 58~59
제임슨 31
존스톤 117
『종 변형 공책 B』 187, 229
종속지 99~100
『종의 기원』 32, 46, 49, 80, 110, 116,
　122, 126~133, 139~140, 142~143,
　145, 149, 152~153, 155~156,
　158~159, 162~164, 167~168,
　170~171, 174~178, 180, 183, 187,
　191~192, 199~200, 202, 208,
　220~223, 228~232, 234, 239, 241,
　252, 255, 304
중간단계 130, 156, 183
중간형태 134, 137, 275
지중해청미래 182
진홍토끼풀 149~152

진화론 42, 89, 125, 163, 175~176
질랜디아 248~251
집비둘기 133, 139

ㅊ

『찰스 다윈 자서전』 186, 188
『찰스 다윈의 자연선택』 127
찰스섬 58
채팀섬 53~54, 58
초노스 제도 71
친연관계 129, 154, 166, 228

ㅋ

카우슬립앵초 41, 44, 46, 133~134,
    136~137, 140, 208~209, 260,
    262~265, 270, 275, 293
카타세툼속 171, 173
캐롤라인 세라 다윈 52
커비 277
케르겔렌 제도 104~105, 110, 118
케이프카우슬립 21, 23
코코스 제도 75
킬로미터 83, 174, 277, 293

ㅌ

타가수정 175, 198~204, 209, 212
『타가수정과 자가수정』 197~199, 202,
    204~205, 212, 222
타임 80~81, 284~285, 288, 290
태즈메이니아(섬) 105~106, 284
통발류 38, 188, 195
티슬턴다이어 244
티에라델푸에고 70, 87, 105~106, 279

ㅍ

파리지옥 190, 193~194, 213

파타고니아 70, 87
페르남부쿠 51
포브스 105
포트데저 70
포트세인트줄리안 70
폭격기딱정벌레 36
푸에르토데세아도 70
푸에르토산줄리아안 70
프랜시스 다윈 115~116
플레밍 272, 285, 291

ㅎ

하등동물 219
하트필드 164, 188
향기풀 94~95
허버트 198, 262~263, 265, 273,
    279~280, 285, 288~289, 296~301,
    305
허셜 254~255, 257
헉슬리 162~164
헨슬로 36, 38~51, 53, 55, 57, 66~69,
    71, 74~76, 78~79, 83, 87, 91~92,
    107, 140, 156, 188, 198, 208, 231,
    247, 260, 265, 273, 279~281,
    285~287, 291~292, 301
현화식물 155~156
형질분기 123, 152
호프 68
혼합유전 199
화분괴 167, 170~171
환경요인 139
회선운동 216, 218~219
후커 50, 57~58, 78, 87~94, 96~101,
    104~108, 110~115, 117~118,
    122~124, 129, 156, 166, 168, 181,
    183, 192, 208, 211, 220~221, 226,
    231, 240, 244, 246~247, 251, 255,
    264, 270, 283, 285
훔볼트 71, 77, 91
히어 231~233, 235~236, 245

이미지 출처

◇◇◇◇◇◇◇◇

ⓒ biodiversity heritage library 표지, 30, 73, 81, 95, 135, 136, 142, 179, 190

ⓒ cambridge university library 271, 274

ⓒ darwin-online 37, 184, 207, 209

ⓒ flickr / Swallowtail Garden Seeds 151(오른쪽)

ⓒ kew plants of the world online 56

ⓒ nature 45

ⓒ wellcome collection 33, 89, 103

ⓒ wikimedia 23, 27, 42, 61, 125, 151(왼쪽), 169, 172, 195, 237, 250, 295

다윈의 식물들
The Plants with Darwin

『종의 기원』에서는 못다 밝힌 다윈의 식물 진화론

초판 1쇄 인쇄 2023년 8월 10일
초판 1쇄 발행 2023년 8월 25일

지은이 신현철

펴낸곳 지오북(**GEO**BOOK)
펴낸이 황영심
편집 정진아, 전슬기
디자인 장영숙

주소 서울특별시 종로구 새문안로5가길 28, 1015호
(적선동, 광화문 플래티넘)
Tel_02-732-0337   Fax_02-732-9337
eMail_book@geobook.co.kr
www.geobook.co.kr
cafe.naver.com/geobookpub

출판등록번호 제300-2003-211
출판등록일 2003년 11월 27일